A Charlotte y Léonie

«El que es dueño de sí posee más poder que el dueño del mundo.»

BUDA

«El hombre no toma conciencia de su ser más que en las situaciones límite.»

KARL JASPERS

1

Arrancar el mal de raíz.

Desde la ventana del cuarto de baño, en el piso superior de la minúscula casa rosa que, pronto haría tres meses, alquilaba en una bonita callejuela de San Francisco, Jonathan observaba, al tiempo que se afeitaba sin pensar en los gestos, el avance inexorable del trébol por el césped. La pobre hierba, amarilleada por el despiadado sol de julio, parecía dispuesta a rendirse. «La clopiralida no funciona.» El bidón entero con que la había rociado a principios de mes no había servido para nada. «Arrancarlo todo, brizna a brizna, eso es lo que hay que hacer», se dijo Jonathan mientras la maquinilla eléctrica le acariciaba la barbilla con un zumbido monótono. Se tomaba muy a pecho cuidar del jardín lo mejor posible: orientado al sur, detrás de la casa, era donde su hija Chloé jugaba cuando iba a verlo los fines de semana alternos.

Cuando acabó de afeitarse, Jonathan consultó sus emails en el móvil. Solicitudes de clientes, una reclamación, una comida aplazada, el informe mensual de contabilidad, una propuesta y varios boletines electrónicos.

De nuevo ante el espejo, cogió un pincel y un frasco de tinte para cabello moreno. Se aplicó la loción con cuidado sobre las canas incipientes. Con treinta y seis años, era demasiado pronto para aceptar el paso del tiempo.

Terminó de prepararse deprisa para llegar a la cita diaria en el café de la plaza: todas las mañanas desde la creación de la pequeña gestoría de seguros, hacía cinco años, los tres socios se reunían allí para tomarse un café rápido en la terraza. Uno de ellos no era otra que su expareja, Angela, y su reciente separación no había alterado aquel ritual que parecía inmutable.

Su gestoría era la única de la ciudad especializada en una clientela de pequeños comerciantes regionales. Tras unos comienzos difíciles, ya se había estabilizado y permitía a los socios y a su asistente ingresarse un salario mensual, si bien era más bien bajo. La gestoría había conseguido implantarse y las perspectivas de crecimiento eran prometedoras. Había que luchar por ello, claro, y a veces Jonathan experimentaba un desánimo pasajero, pero seguía creyendo que todo es posible, que los únicos límites son aquellos que uno se pone.

Salió a la escalera de la entrada y se dirigió a la puerta de la valla. El aire arrastraba un agradable aroma a bruma estival. El jardincito que separaba la casa de la calle no se encontraba en mejor estado que el otro. Orientado al norte, éste había sido invadido por el musgo.

El correo esperaba a Jonathan en el buzón. Abrió un sobre del banco. La reparación del coche le había dejado la cuenta en números rojos. Tenía que solucionarlo lo antes posible. La segunda carta la remitía su compañía telefónica. Seguro que era otra factura...

—¡Buenos días!

El vecino, que estaba recogiendo su correo en aquel

momento, lo saludó con aire relajado, con la cara de un tipo al que la vida le sonríe. Jonathan hizo lo mismo.

Un gato se restregó maullando contra sus piernas. El joven se agachó para acariciarlo. Era el de una anciana que vivía en un pequeño edificio cercano. Jonathan se lo encontraba con frecuencia en su jardín, para inmensa alegría de Chloé.

El gato precedió a Jonathan por la calle, luego maulló ante la puerta del bloque de pisos, mirándolo. Jonathan empujó la puerta y el gato se metió adentro precipitadamente sin quitarle ojo.

—Quieres que te acompañe, ¿verdad? Tengo prisa, ¿sabes? —dijo Jonathan mientras abría la puerta del ascensor—. ¡Venga, rápido!

Pero el gato seguía al pie de la escalera maullando suavemente.

—Prefieres la escalera, ya lo sé... Pero no tengo tiempo. Venga, ven...

El gato insistió entrecerrando los ojos. Jonathan suspiró.

—Te estás pasando...

Cogió al gato en brazos y, uno tras otro, subió los escalones que había hasta el tercer piso. Llamó a la puerta y volvió a bajar sin esperar a que abrieran.

—¡Ah! ¡Por fin apareces, gamberro! —se oyó decir a la voz de la anciana.

Jonathan entró en la callejuela de casas todavía soñolientas y giró a la derecha por la calle comercial para llegar a la placita donde tenía su reunión.

Volvió a pensar en la manifestación contra la deforestación de la selva amazónica en la que había participado la víspera. Había congregado a unos centenares de personas y había logrado llamar la atención de la prensa local. Ya era algo.

Al pasar por delante del escaparate de la tienda de deportes, le echó una ojeada al par de deportivas que lo miraba, burlón, desde hacía algún tiempo. Magníficas pero prohibitivas. Un poco más lejos, el apetitoso olor a pasteles recién hechos que emanaba por las salidas de ventilación de una pastelería austriaca —colocadas, no sin ingenio, en la fachada— le despertó el gusanillo. Estuvo a punto de flaquear, luego apretó el paso. Demasiado colesterol. De todas nuestras luchas diarias, ¿no es la peor de todas la que sostenemos contra los numerosos deseos que nos inducen a lo largo del día?

Aquí y allá dormían unos cuantos vagabundos debajo de mantas. La tienda mexicana ya estaba abierta, así como la de periódicos y, un poco más lejos, la peluquería portorriqueña. Se cruzó con varios rostros familiares que se dirigían al trabajo con la mirada ausente. Al cabo de una hora, el lugar se animaría de verdad.

Mission District es el barrio más antiguo de San Francisco. Todo en él es dispar: chalés victorianos sin mucho lustre se codean con edificios sin alma que, a su vez, lindan con viejos inmuebles casi insalubres. Casas antiguas de color pastel tontean con bloques cubiertos de grafitis de tonos agresivos. La población misma se encuentra fragmentada en numerosas comunidades que se cruzan sin, en realidad, llegar a tratarse. Se oyen lenguas tan variadas como el chino, el español, el griego, el árabe o el ruso. Cada uno vive en su mundo sin atender al resto.

Un mendigo se le acercó con la mano tendida. Jonathan dudó un breve instante, luego siguió su camino evitando la mirada del hombre. No se le puede dar a todo el mundo.

Michael, su socio, estaba ya sentado en la terraza del café. Era un elegante cuarentón de sonrisa seductora que hablaba a toda velocidad y rebosaba tal energía que cabía preguntarse si estaba conectado a unas baterías de alta tensión o simplemente le daba a las anfetaminas. Vestido con traje beis claro, camisa blanca y corbata anaranjada de seda trenzada, tenía en la mesa una taza grande de café y una *tarta de zanahoria* que parecía haber elegido para que hiciera juego con la corbata. La terraza ocupaba un amplio espacio de la acera, que era lo bastante ancha para poder olvidarse de los coches que pasaban por detrás de una hilera de arbustos plantados en grandes macetas de madera, dignas del invernadero de un castillo. Las mesas y sillas de mimbre acentuaban la sensación de estar en otra parte, no en la ciudad.

—¿Cómo te va? —soltó Michael de manera sobreexcitada.

No andábamos lejos de la actuación de Jim Carrey en *La máscara*.

—¿Y a ti? —le contestó Jonathan como de costumbre.

Se sacó del bolsillo un botecito de loción antibacteriana, se echó unas gotas en los dedos y luego se frotó las manos enérgicamente. Michael lo miró divertido, con una sonrisa.

—¡Que me salgo! ¿Qué tomas? La tarta del día está de muerte.

—¿Ahora tomas tarta para desayunar?

—Es mi nuevo régimen: un poco de azúcar por la mañana para arrancar, luego nada durante el resto del día.

—Venga esa tarta.

Michael le hizo una señal al camarero y pidió.

De los tres socios, Michael era el que mejor dominaba los secretos del oficio y, a menudo, Jonathan sentía una cierta admiración hacia él. Envidiaba la soltura con la que lograba llevar al cliente al estado de ánimo oportuno para dejarse convencer. Al acompañarlo en la búsqueda de nuevos clientes, Jonathan había asistido a escenas increíbles en las que Michael lograba meterse en el bolsillo a un cliente potencial completamente recalcitrante. Después de haberse formado y entrenado durante mucho tiempo métodos de venta, Jonathan se las apañaba correctamente, pero tenía que esforzarse de manera considerable allí donde Michael desplegaba su arte con soltura, puesto que dominaba todas las técnicas para persuadir a los clientes para que suscribieran nuevos contratos, nuevas opciones, para que aumentaran siempre su protección hasta cubrir, sin darse cuenta, varias veces el mismo riesgo... «En este campo —les confió a sus socios una vez—, el miedo es la emoción reinante, el principal aliado del asesor. Aparece en la mirada del comerciante en cuanto se evoca la imagen de un desastre, de un robo, de un litigio. Primero ínfimo, aunque insidioso, pronto se infiltra en los meandros de su mente hasta volverse una cuestión preponderante en su facultad de decisión. ¿Qué supone entonces la cuota anual solicitada en comparación con los costes de un siniestro o de un proceso iniciado por un consumidor enfadado? Cuanto más sombrías son las perspectivas, menos caro parece el seguro...»

Jonathan era un tipo honrado y solía sentirse un poco culpable. Pero todos sus rivales aplicaban aquellas técnicas, y renunciar a ellas él solo lo hubiese perjudicado. «En este mundo sin corazón, las reglas son las que son —se decía—. Más vale aceptarlas y tratar de salir airoso si uno no quiere unirse a los marginados de la sociedad...»

—¿Sabes? —dijo Michael—. Últimamente he pensado mucho en tu situación.

—¿Mi situación?

Michael asintió con amabilidad. Su mirada estaba llena de empatía.

—Cuanto más os observo, más me digo que tiene que ser un infierno trabajar con tu ex a diario.

Cogido un poco por sorpresa, Jonathan miró a su socio sin responder.

—Os hacéis daño mutuamente. No es razonable.

Jonathan seguía desconcertado.

—Y no puede durar.

El más joven bajó la mirada. Michael lo miró casi con ternura.

—Por eso, más vale anticiparse...

Se tomó un bocado de tarta de zanahoria.

—He cavilado mucho, le he dado vueltas al problema por todos lados, y, en conclusión, tengo una propuesta que hacerte.

—¿Una propuesta?

—Sí.

Jonathan se quedó callado.

—Eso es: no me respondas ahora mismo, tómate tu tiempo para reflexionar.

Su interlocutor lo miró atentamente.

—Estoy dispuesto —continuó Michael— a hacer el esfuerzo de comprar tu parte si quieres marcharte.

—Mi parte... ¿de la gestoría?

—Sí, no tu parte de la tarta.

Jonathan se quedó sin habla. Nunca se había planteado dejar la empresa que habían creado juntos. Se había implicado tanto en ella, en cuerpo y alma, que se había convertido... como en una parte de sí mismo. Sintió una punzada de dolor en el estómago. Abandonar la empresa suponía separarse del elemento central de su vida. Volver a empezar de cero. Reconstruirlo todo de nuevo...

En el interior del café, una pantalla de televisión fijada a la pared emitía imágenes de Austin Fisher, el campeón de tenis que acumulaba trofeos. Después de haber ganado otra vez Wimbledon unas semanas antes, se presentaba en Flushing Meadows como gran favorito del US Open.

Jonathan se quedó mirando las imágenes pensativo. Vender su parte a Michael equivaldría también a renunciar a su sueño secreto de superarlo, de convertirse a su vez en el que obtiene los mejores resultados comerciales.

—Tendré que pedir un préstamo —añadió Michael—. Es duro, pero puede que sea lo mejor para todos nosotros.

—Buenas a todo el mundo.

Angela se sentó a su mesa y suspiró ruidosamente para dejar claro lo exasperada que estaba, a pesar de tener una sonrisita en los labios. Jonathan la conocía a la perfección.

—¿Cómo dices que te va? —gritó Michael.

—Tu hija se ha negado a lavarse los dientes —dijo señalando a Jonathan con el mentón—. Por supuesto, no he cedido. Me he tenido que pelear con ella durante diez minutos... Al final nos hemos encontrado la puerta del cole cerrada. Ha tenido que llamar a conserjería y le ha caído una buena bronca. Peor para ella.

—¿Café largo como siempre? —le preguntó Michael sin perder la sonrisa.

—No, uno doble —respondió Angela con un nuevo suspiro.

Michael se lo pidió. Angela le lanzó a Jonathan una mirada acompañada de una sonrisa mordaz.

—Qué tranquilo pareces. Relajado...

No se dio por aludido. Ella se pasó la mano por el cabello castaño claro. Las puntas le rozaban los hombros.

—Me echaste en cara —dijo Angela— que me ocupase más de mis plantas que de mi hija, pero...

—Eso yo nunca te lo he reprochado —protestó Jonathan con un tono de derrota anticipada.

—Pero mis plantas, qué cosas, no se ponen a gritar revolcándose por el suelo.

Jonathan reprimió una sonrisa y luego se bebió su café sin decir nada. Estaban separados desde hacía tres meses, pero ella seguía haciéndole reproches como antes. Y, de repente, se percató de que, de alguna extraña manera, aquello le gustaba. Le hacía sentir que su relación proseguía a pesar de todo. Entonces se dio cuenta de algo que nunca se había confesado: en lo más profundo de sí, permanecía latente la esperanza de volver con ella.

Vender su parte a Michael le privaba de aquella esperanza, puesto que acababa con su último vínculo diario con Angela.

Se fue a la carrera a su primera cita y dejó a sus socios en la terraza. La lista de posibles clientes por visitar era larga. Tenía una dura jornada en perspectiva, pero era víspera de fin de semana. Tendría todo el tiempo del mundo para descansar.

Ni se le pasaba por la cabeza que, dos días más tarde, su vida fuera a dar un vuelco definitivo.

2

El rostro, de perfil, levemente crispado. Se levanta, saluda de forma breve, luego se vuelve y se aleja.

El potente zum Nikon siguió los movimientos de Jonathan hasta que dejó la terraza. La silueta se volvió borrosa. Ryan apagó la cámara, se enderezó y, a través de las cortinas negras de la ventana, en el segundo piso de su edificio del otro lado de la plaza, miró cómo el joven se alejaba.

—No le replica, se deja pisar sin decir nada... Es bastante divertido, pero la verdad es que no termina de arrancar. Digamos... un 5, por los pelos —murmuró para el cuello de su camisa.

Se secó las manos sudorosas en el vaquero y tiró de la parte baja de la camiseta negra para secarse el sudor de la frente. En el negro no se notan las manchas, es la ventaja que tiene.

Al recorrer con la mirada la terraza del café, descubrió a dos mujeres bastante elegantes. Conocía a una de ellas de haberla grabado ya en dos o tres ocasiones sin éxito. Enfocó hacia ellas la cámara acoplada a su nuevo micro parabólico ultradireccional. Volvió a ponerse los cascos en las orejas y las voces de ambas aparecieron con una claridad sorprendente. Ryan no se arrepentía de su compra: a más de ochenta metros, las oía con la misma claridad que si estuviera sentado con ellas a su mesa.

—Sí, es verdad —decía una—. Te lo aseguro. Aunque las hubiese organizado con antelación. Seis meses por lo menos. Y, claro, lo había reservado todo. Avión, hotel... ¡El lote completo!

—No es muy agradable que digamos —respondió la otra negando con la cabeza—. ¿Tenías un seguro de cancelación?

—¡Pues claro! Imagínate, ya me la jugó hace tres años. Ahora ya no me fío.

—Si yo fuese tú, cambiaría de empresa. Con el currículum que tienes, encuentras lo que quieras. A mí me tienen bastante pillada...

Ryan grabó durante un rato, en vano. La semana anterior había descubierto que la ventana de su habitación, al otro lado del edificio, daba al jardín de la joven, a noventa y cuatro metros. Un poco lejos, pero, con un duplicador del focal, podía hacerse si de verdad había algo que grabar. Definitivamente, el piso de Ryan, en la segunda planta, ofrecía una ubicación privilegiada. El edificio daba, por un lado, a la plaza, justo en un ángulo con visión desde lo alto a la terraza del café, por el otro, a la hilera de jardines de las casas y de los bloques, jardines donde se desarrollaban a menudo escenas familiares que no eran moco de pavo. Varias habían alcanzado el listón fatídico del 6, umbral fijado por Ryan para ser publicadas en su blog.

Bebió un sorbo de Coca-Cola, luego recorrió la terraza con la mirada. Vio a una pareja desconocida, de unos cincuenta años, en plena discusión y apuntó la cámara hacia ellos.

—Cuando te hablo —decía la mujer—, tengo la impresión de hablarle a una estatua de cera.

Ryan hizo zum sobre la cara del marido, medio apenado, medio ausente.

—Pero —añadió la mujer— hasta la cera se derrite al sol. A ti nada nada te inmuta, tú te quedas igual de frío. Eres más bien una estatua de mármol. Sí, eso es, de mármol. Como una tumba. Hablas tanto como una tumba. Eres incapaz de comunicarte...

Al oír aquellas palabras, Ryan sintió un acceso de ira y apagó la cámara.

«Incapaz de comunicarse.» El reproche que le hicieron nada más comenzar la vida laboral, con su título de ingeniero en el bolsillo. Aquel reproche resonaba todavía en su cabeza, después de siete años.

Le vino otra vez a la cabeza el director de Recursos Humanos, con su cara de bobo, explicándole en un tono untuoso su confusa teoría de mierda. *Había varias formas de inteligencia*, según él, a pesar de no ser el más indicado para abordar el tema. *La inteligencia racional no era la única. La inteligencia emocional tenía también su importancia.*

La inteligencia emocional... Pero ¿qué no se inventaría la gente para tranquilizar a los gilipollas? ¿Por qué no la inteligencia muscular, la inteligencia digestiva, la inteligencia excretora?

La verdad es que lo habían echado porque, al hablar con los tontos, no se rebajaba a su nivel como los demás. Y, en realidad, aquello era lo que esperaban de él. En el reino de los cretinos, el que habla el lenguaje de los memos es el rey. Ése es el lenguaje que debería enseñarse en Berkeley o en Stanford, en vez del C o el Visual Basic. En la política pasa algo parecido: salen elegidos los que le dicen a la gente las gilipolleces que quiere oír. Cuanto más estúpido, mejor funciona.

Ryan inspiró profundamente para calmar la tensión. Sólo faltaría que le diese un infarto cerebral. Así los memos habrían conseguido su cabeza.

Cada vez que volvía a recordar la película del comienzo de su carrera, le pasaba lo mismo. Volvía a ver las escenas de selección que habían seguido a su despido. Lo martirizaban a preguntas sobre las razones de su pronta salida. Aquellas entrevistas, humillantes, en las que le preguntaban acerca de asuntos personales, escandalosamente íntimos. «¿Qué tienen que ver mis aficiones con el puesto? —había tenido ganas de gritarles—. ¿Qué demonios le importa si tengo o no pareja?» Debería habérselo dicho, haberlos mandado a paseo en aquel momento, y, sobre todo, negarse a participar en aquellas situaciones hipotéticas, en esos juegos de rol de tres al cuarto... Y siempre sus conclusiones precipitadas, ridículas, lamentables: «Cuidar lo relacional... Le costará trabajar en equipo... Incapaz de comunicarse».

Ryan borró la última grabación.

En aquellos momentos tenía que contentarse con un puesto de programador de base y cobrar una miseria. El único interés de aquel curro a jornada completa, que hacía deprisa y corriendo en medio día, era el teletrabajo.

Bebió tres sorbos de Coca-Cola, sin dejar de darle vueltas al tema, y luego se volvió hacia la pantalla del ordenador. Ciento setenta y seis «Me gusta» y doce comentarios a su último post, el vídeo del tipo que cambia cuatro veces de opinión al pedir al camarero y luego se come una hamburguesa con aspecto abatido confesándole a su colega que, al final, habría preferido un perrito caliente. Con cara de tonto de pueblo puro y duro. Para morirse de risa.

Su blog, el «Minneapolis Chronicles», rebosaba de escenas de aquel tipo. Los anuncios le reportaban algunos dólares por aquí y por allá. Menos da una piedra. Había dudado si bautizarlo *La vida de los memos*, pero había preferido referirse a una ciudad alejada de San Francisco de manera explícita. Grababa en plano general, así que era imposible reconocer los lugares. Era un señuelo para estar tranquilo. La ley californiana era rotunda: era necesario el consentimiento previo de todas las personas presentes antes de grabar en un lugar público. En Minneapolis, en lo más profundo del Medio Oeste, había libertad para grabar a quien se quisiera.

Y así compartía sus ataques de risa con un pequeño grupo de fieles visitantes de la página. «Dado que la sociedad está organizada por los memos para los memos —se decía a sí mismo—, más vale reírse que lamentarse de ello y provocarse una úlcera.»

De tanto grabar a la gente del barrio, había acabado por aprenderse sus nombres y retazos de su historia. La mayoría no tenía interés, eran deprimentes por lo banal y mediocre, pero, a veces, la memez volvía la mediocridad graciosa.

Ryan le dio otro sorbo al refresco y luego se decantó por dos chicas sentadas ante unos grandes boles de té humeante. Una de ellas iba a casarse dentro de poco y le contaba su proyecto de futuro a su amiga. Ryan no pudo evitar sonreírse al oír el tono algo ingenuo de la futura recién casada. Tenía potencial.

Afinó los ajustes. Al abrir el objetivo a f8, obtenía profundidad de campo. Y un picado para desenmascarar las pestañas postizas y los puntos negros tapados con crema.

—Bob y yo lo compartimos todo —estaba diciendo.

—Tienes suerte —apuntó la otra—. Kevin siempre encuentra una razón para no quitar la mesa. Para tender la ropa, lo mismo. Está empezando a hartarme.

—Ya, ya veo. Bob y yo nos repartimos los papeles, las tareas, todo. Repartimos incluso los gastos. Está todo claro.

—Eso está bien. Nosotros no nos hemos puesto reglas para el dinero...

—Mira, por ejemplo, lo del piso que vamos a comprarnos. Bob me ha dicho: «Lo mejor es que nos dividamos los gastos: ponemos el piso a mi nombre y yo pago todos los recibos mensuales. Yo me ocupo de todo. Tú pagas los impuestos, las facturas, la comida, las vacaciones». Ha calculado que viene a ser lo mismo, así es equitativo y no hay motivo para broncas.

—Pero... si algún día os divorciáis... él tendrá el piso... y tú... ¿no te quedas nada?

—Ah... ya salió... Es el hombre de mi vida, vamos a casarnos, y tú pensando en divorcios.

—Pero...

—A ti lo que te pasa es que no crees en el amor...

Ryan se mordió los labios. Grabó unos segundos más, por si acaso, y luego cortó. Por fin, estalló en una carcajada.

—¡Pues ya está! ¡Te has ganado tu billete a Minneapolis, cariño!

3

La niebla acababa de disiparse en la bahía de San Francisco y la isla de Alcatraz surgía, de repente, en la lejanía, rodeada de azul. El viento cálido traía el aroma del mar y se oía el golpeteo de las drizas contra los mástiles de los veleros amarrados. Jonathan inspiró con todas sus fuerzas. Le encantaba ese momento de los días de verano en que la bruma matinal se desvanece como por arte de magia y cede su lugar a un sol radiante, inconcebible unos segundos antes.

Era más bien raro que el domingo se acercase a los muelles, demasiado turísticos para su gusto, pero aquel día se sentía atraído hacia ellos pese a todo. Es verdad que odiaba los fines de semana sin su hija, cuando la dura ley de los fines de semana alternos lo dejaba solo, muy solo. Pero se había acostumbrado a pasear los escasos días de *Sunday Streets*: una parte de la ciudad se hacía peatonal, las calles, por fin, se brindaban a los paseantes y a los ciclistas.

El comienzo de la mañana había sido penoso: había tenido que arrancar a mano el trébol del jardín trasero de su casa y pulverizar con sulfato de hierro el que daba a la calle para erradicar el musgo.

A su alrededor, en la escollera, los mirones se aglomeraban con una despreocupación alegre y amistosa. Los niños brincaban, rompían a reír, lamían helados enormes que goteaban por los cucuruchos. El aroma yodado de la brisa marina quedaba interrumpido aquí y allá por los efluvios de los gofres o de los buñuelos recién hechos que emanaban de los puestos vecinos. Retazos de conversaciones resonaban en medio de una animada algarabía.

La marabunta de transeúntes lo condujo espontáneamente al rincón de la escollera desde el que se veían las focas que se amontonaban en los islotes flotantes. Las había visto ya cientos de veces, pero no podía evitar echarles una ojeada cuando pasaba cerca. Sus cuerpos relucientes se apiñaban unos contra otros, como los de los turistas sudorosos que se agolpaban contra el pretil para observarlos; las primeras permanecían completamente indiferentes al voyerismo de los segundos.

No pudo evitar preguntarse quién sería el responsable en caso de que la barandilla acabase cediendo a la presión y los curiosos se precipitasen a las aguas frías del Pacífico. ¿La empresa que la hubiera fabricado? ¿El instalador? ¿O los administradores del Pier 39, que habían convertido aquella escollera en un espacio comercial que atraía a las multitudes? Desde que vendía seguros a los comerciantes de la región, tenía el vicio mental de hacerse aquella clase de preguntas. Una auténtica deformación profesional.

Continuó con su camino siguiendo el muelle; de vez en cuando lo rozaba algún joven con patines. Un pequeño grupo de jazz con los cobres resplandecientes recuperaba un clásico de Sidney Bechet. Un poco más allá, un hombre de unos sesenta años se palpaba nerviosamente todos los bolsillos de su ropa.

—¡No la tengo! —exclamó—. ¡No la tengo!

—¿El qué? —le preguntó la mujer de gafas gruesas que se encontraba a su lado—. ¿De qué estás hablando ahora?

—¡Mi cartera! ¡Ha desaparecido!

—Has debido de dejártela en el hotel. Últimamente se te olvida todo...

—Que no... Que la tenía... Estoy seguro... Yo... ¡Ah! ¡Aquí está! En el bolsillo de atrás —dijo al tiempo que se tocaba la nalga izquierda.

—Pobrecito mío, estás perdiendo la cabeza...

Jonathan miró a la vieja pareja enternecido. Era poco probable que conociera aquel tipo de relación algún día.

Angela y él habían estado juntos siete años. Y, cuando ella lo dejó, reprochándole injustamente haberla engañado, había sufrido una auténtica conmoción, un período de abatimiento; luego la soledad y la ausencia.

El tintineo del timbre de una bicicleta lo devolvió a la realidad.

Con los coches expulsados de las calles, los peatones y los ciclistas volvían a cobrar protagonismo y se apropiaban alegremente de la calzada. Los semáforos habían capitulado y parpadeaban desesperadamente hacia el infinito. A medida que pasaba el tiempo, la multitud iba aumentando, surcando las calles, transmitiendo buen humor hasta los últimos rincones de la ciudad.

De vez en cuando, Jonathan le echaba una ojeada a su móvil para controlar la llegada de correos o de SMS. A veces los pequeños comerciantes solucionaban sus problemas administrativos los domingos y, en esos casos, le enviaban un correo. Aunque en ocasiones le resultaban inoportunos, aquellos contactos atenuaban el doloroso sentimiento de estar solo. «Tener la mente atareada es una buena manera de evitar pensar en los problemas», se decía Jonathan. A falta de felicidad, estaba ocupado.

Avanzaba con calma cuando una aglomeración especialmente animada atrajo su atención. Una bailarina atraía a un centenar largo de participantes hacia una música muy rítmica difundida a través de unos grandes altavoces.

—Lo hace bien, ¿verdad? —le susurró una anciana que llevaba un sombrero rosa de ala ancha—. Es Babeth, una francesa. Viene aquí todos los *Sunday Streets*, y cada vez atrae a más gente. Menuda energía...

Jonathan también tenía origen francés, por parte de madre. Había nacido en Borgoña, donde había vivido parte de su infancia, en un pueblecito de la región de Cluny. Su padre, un californiano de pura cepa, había aprendido en aquel pueblo los secretos del oficio de viticultor trabajando en un viñedo reputado. Allí había conocido a la que se convertiría en su mujer. Unos años más tarde, la familia había ido a instalarse en el condado de Monterrey, al sur de San Francisco, donde había recuperado una propiedad vitícola en peligro. Una década de trabajo les había permitido superar el bache lentamente, y su vino había acabado adquiriendo cierta reputación. Luego, un día de marzo, un tornado devastó las viñas por completo. Al carecer de un buen seguro, la propiedad había quedado condenada a la quiebra. Su padre nunca se había repuesto de aquello.

Los alegres bailarines lograban coordinar sus movimientos a la perfección, todos a una. Se hubiera dicho que estaban conectados de alguna manera. Jonathan sintió que en su interior crecían las ganas de unirse, de mezclarse con ellos y de fundirse con el ritmo apasionante de la música. Dudó un poco, por una especie de timidez fuera de lugar, luego cerró los ojos y notó que la percusión vibraba en su cuerpo. Estaba a punto de decidirse y dar el paso cuando lo cogieron de la mano. Abrió los ojos y retrocedió de manera instintiva. Tenía delante a una joven que le agarraba con suavidad la mano, con unos dedos finos y mates. Una gitana. Era tan delgada que casi desaparecía entre los pliegues de su ropa oscura.

—Voy a leerte el porvenir.

Lo miraba fijamente con unos bonitos ojos negros. Una mirada densa, profunda, benévola sin ser sonriente. A su alrededor, la multitud los rozaba al avanzar.

La mirada de la joven descendió entonces hacia la mano de Jonathan. Sus dedos cálidos y suaves separaron despacio los de él, con una leve presión que parecía una caricia. Se sintió aturdido por la sensualidad de su tacto. Ella se inclinó ligeramente sobre la palma de su mano. Él se dejó hacer, inmóvil, casi saboreando aquel contacto obligado, y, también, por supuesto, con curiosidad por saber lo que iba a predecirle.

El rostro impasible de la gitana era de rasgos regulares, con largas pestañas negras ligeramente curvadas, y tenía un cabello negro y espeso que llevaba recogido hacia atrás con gracia.

De pronto, frunció el ceño y se le formaron unas arrugas en la frente. Irguió despacio la cabeza con el rostro descompuesto. Jonathan comprendió su mirada, totalmente cambiada, y le heló la sangre. Ella, por su parte, parecía desconcertada, muy alterada.

—¿Qué pasa?

Ella sacudió la cabeza y le soltó la mano, sin habla.

—¿Qué has visto?

Con el rostro impenetrable, la chica retrocedió y apartó la mirada. Jonathan se sentía muy mal.

—¿Qué? ¿Qué pasa? ¡Dímelo!

Ella miraba fijamente hacia delante, con la boca temblándole de forma imperceptible.

—Vas... vas...

—¿Sí?

—Vas...

De repente, se dio media vuelta con brusquedad y salió huyendo.

—¡Espérame, Lisa! —gritó entonces una voz potente entre los transeúntes.

Era otra gitana, de físico mucho más impresionante. Pero la tal Lisa escapaba colándose entre la gente con la agilidad de un gato.

Jonathan también echó a correr detrás de ella, pero, en aquel instante, una bici le cortó el camino, inmediatamente seguida de otra. Una familia completa desfiló en bicicleta por delante de él sin dejarle el más mínimo espacio. Echó pestes, pero se esforzó por no quitarle ojo de encima a la gitana, angustiado por la idea de perderla de vista. Estaba a punto de sufrir un ataque de pánico. Le parecía absolutamente necesario alcanzarla, saber.

Con la vía despejada, se lanzó en su persecución. La gitana estaba ya lejos, no la veía más que de manera esporádica entre el tumulto de cuerpos y rostros. Presentía la partida perdida... Pero no quería creerlo. Tenía que alcanzarla, era imprescindible, costara lo que costase. Se abrió paso a la fuerza como un loco. Estallaron las protestas; ni siquiera se volvió, tenía la mirada clavada en la silueta fluida, por miedo a que desapareciese. En un momento dado, tuvo la impresión de acercarse y aceleró todavía más el paso. De repente, el poderoso brazo de un hombre lo empujó con fuerza, violentamente, hacia atrás.

—¡Eh! ¡Que va a tirar a alguien!

No le contestó y metió la cabeza entre dos turistas japoneses. No volvió a ponerse derecho hasta unos metros más allá. ¿Dónde estaba? Escudriñó frenéticamente la multitud. Lo empujaron; le pidieron perdón. Estudió con la mirada el mar de rostros. ¡Rápido! De repente, una trenza larga de cabello negro surgió por la derecha. Se lanzó con todas sus fuerzas en aquella dirección, con los brazos hacia delante para pasar mejor entre la gente. Gritó para avisar. ¡Que se apartasen, por Dios!

De pronto vio su perfil. ¡Era ella, sin duda! Salió disparado en su dirección, corrió, zigzagueó y acabó por llegar junto a la gitana. Se abalanzó y le cogió el brazo.

Ella se volvió con brusquedad y le plantó cara, fulminándolo con la mirada. Jonathan se había quedado completamente sin aliento; ella parecía tan jadeante como él. El sudor le salpicaba el rostro y le destacaba los ojos negros. Las ventanas de la nariz se le movían al ritmo de la respiración entrecortada.

—¡Dímelo! ¡Tengo derecho a saberlo!

Ella seguía mirándolo, sin aliento pero con los labios desesperadamente sellados.

—¡Quiero saber lo que has visto! ¡Dímelo!

La tenía agarrada con firmeza. Los transeúntes a los que estorbaban el paso los zarandeaban de vez en cuando. La chica no pestañeaba. Jonathan no sabía qué hacer.

—¡Dime cuánto quieres y habla!

Ella siguió callada.

Como último recurso, Jonathan aumentó la presión sobre el brazo de la joven. El dolor empañó ligeramente sus ojos, pero ella siguió mirándolo de hito en hito y en silencio, desconcertada. Apretó todavía más. Sus labios seguían desesperadamente unidos...

Harto de aquello, se dio cuenta de que no hablaría jamás. Sus miradas siguieron clavadas la una en la otra, sin salida. Acabó soltándole el brazo.

Para su sorpresa, la gitana no se movió y se quedó allí, frente a él. Estaba perplejo.

—Por favor...

Ella no apartó la mirada. La legión de transeúntes se abría ante ellos y luego se volvía a cerrar, rodeándolos a su paso.

Jonathan continuó mirándola sin preguntarle ya nada. Por otra parte, ya no esperaba nada.

Al cabo de un momento, ella habló lentamente, como a su pesar.

—Vas a morir.

Luego se volvió y desapareció entre la multitud.

4

No todos los días le anuncian a uno su propia muerte. La predicción en forma de sentencia había trastornado a Jonathan. Se había visto solo, estupefacto, en medio de aquella avalancha de transeúntes de exasperante buen humor.

Por la noche, había ido recuperando la cordura poco a poco. Hasta aquel día, nunca les había prestado la más mínima atención a las adivinas de la buenaventura, no más que a las videntes, cartománticas y otras astrólogas. Además, metía todo aquel mundillo en el mismo saco, el de los que cuentan con la credulidad de los ingenuos para ganar dinero a su costa. Él, Jonathan Cole, tenía estudios y se consideraba razonablemente inteligente. ¿No había que ser idiota para dar crédito a tales sandeces? Vamos, sobre todo no debía permitir que lo alterase.

«Sobre todo, que no te altere», se repetía una y otra vez desde hacía dos días. Pero algo fallaba en el razonamiento que había elaborado para tranquilizarse: lo que había dicho la gitana no podía haber sido dictado por una cuestión de dinero: había huido sin reclamar nada...

No pensar más en ello. En cuanto sentía que lo invadía un inicio de aprensión, lograba desviar su atención leyendo las noticas en su móvil o sumiéndose en sus emails. Fantasear sobre sus proyectos era también una buena manera de pensar en otra cosa. Su proyecto de mudanza, por ejemplo. En cuanto sus resultados le permitiesen ingresar un mejor salario, alquilaría una casa un poco más grande para que Chloé tuviese su propia habitación cuando estuviera con él. Estaba harto de andar abriendo y cerrando el sofá cama del salón. Después, podría pensar en cambiar de coche, ocasión para darse un capricho...

La tercera mañana, se levantó con un dolor en la cabeza, localizado y bastante fuerte. A su mente febril le bastaron unos segundos para establecer la relación. La inquietud se apoderó de él... y lo obsesionó. Media hora más tarde, descolgó el teléfono.

—Querría una cita con el doctor Stern.

—Un momento, voy a comprobar su disponibilidad —respondió una voz femenina tan profesional como impersonal.

—Es... una urgencia.

Una melodía de piano, cursi y empalagosa. Esperó mientras la ansiedad seguía acrecentándose en su interior. Las ideas se agolpaban en su cabeza, desordenadas. Se veía ya hospitalizado, operado del cerebro. Por cierto, ¿su seguro cubría aquella clase de intervenciones?

—No cuelgue, tengo otra llamada.

Otra vez el piano y su melodía cargante.

Por la ventana abierta, oía gritar a Gary, el de la tienda de *muffins*. El patio de su trastienda se prolongaba en un cuadrado de césped que lindaba con el jardín trasero de la casa de Jonathan. Durante las vacaciones escolares, sus chicos pasaban allí la mayor parte del tiempo, y Gary les echaba la bronca a la más mínima ocasión. Gruñía a los pobres chavales por nada que hiciesen. Hay que decir que su negocio no parecía muy próspero; a pesar de la calidad de sus *muffins*, tenía escasos clientes y debía resultarle difícil llegar a fin de mes...

El piano no paraba. De repente, Jonathan se serenó. Ya había tenido dolores de cabeza en el pasado, así que ¿por qué se alarmaba esta vez? Sintió que se enfadaba cada vez más y acabó colgando el aparato. ¡Todo era culpa de aquella maldita gitana! Si no le hubiese metido aquella estúpida idea en la cabeza, ¡no hubiera llegado a aquel punto!

Estaba furioso. Furioso con ella, furioso consigo mismo por dejarse influenciar contra su voluntad. ¿Cómo se había atrevido aquella mujer a afirmar una cosa semejante? ¿Con qué derecho? En el fondo, ¿qué sabía ella en realidad? ¿Eh? Y, si de verdad iba a morirse, ¿cuándo sería? Eso es lo único que importa, ¿no?

Salió a desayunar fuera. Necesitaba desconectar antes de encontrarse con sus socios, aunque no tuviese mucho tiempo.

En el exterior, todavía hacía fresco. Respiró profundamente. Una de las últimas cosas gratuitas de este mundo. Ya encontrarían la manera de cobrárnoslo; por ejemplo, el día en que nos viésemos obligados a purificarlo. Se alegró de haber firmado la petición en línea para solicitar la prohibición de los vehículos más contaminantes.

Para tardar menos, se dirigió a la tienda de Gary. Al entrar, lo embargó el olor a granos de café recién tostados. Había un ambiente tristón —un único cliente, en una esquina—, pero los *muffins* estaban buenos, aunque eran pequeños para lo que costaban.

Gary se le acercó en silencio y masculló un «Buenos días» apenas audible. Los pequeños ojos entrecerrados del hombre estaban coronados por unas espesas cejas negras siempre fruncidas, en tanto que la boca le quedaba oculta por una barba que hacía que pareciese un oso corpulento.

Tomó nota, tan poco locuaz como de costumbre y parco en sonrisas. La falta de generosidad se manifestaba en él en todos los planos.

En lo alto de una pared de ladrillos rojos, una pantalla mostraba el rostro de la periodista de la CNN que entrevistaba a Austin Fisher, el campeón de tenis. Si ganaba el torneo, pulverizaría el récord absoluto de victorias de Grand Slam. La presión, por tanto, era elevada, explicaba la periodista en un tono algo burlón. Sobre todo porque Austin Fisher nunca había conseguido imponerse en Flushing Meadows, donde la superficie rápida no le era favorable, recordaba hurgando en la herida con malicia.

Jonathan se quedó mirando el rostro de luchador del campeón, cuya figura ocupaba ahora toda la pantalla, y el logo de Nike estampado aquí y allá en su ropa. Reconoció enseguida las imágenes de un partido anterior tomadas durante su última victoria. Pocas veces sonriente, tenía un juego de una cruel eficacia que lo hacía parecer implacable. Quizá por eso no suscitara mucho entusiasmo entre los aficionados, a pesar del formidable espíritu de superación que demostraba.

Mientras se comía un *muffin*, Jonathan se dio cuenta de repente de que el dolor de cabeza había desaparecido.

Para cuando terminó de desayunar, había tomado una decisión. Volvería a ver a la gitana y le pediría que le diese las explicaciones debidas. No hay nada peor que la incertidumbre y la ambigüedad. Acaparan la mente y ésta busca desesperadamente las respuestas de las que carece. No tenía intención de pasarse el resto de su vida rumiándolo como un loco, ni de vivir con miedo sin razón. El próximo fin de semana, sabría más.

Pagó la cuenta y comprobó la vuelta. La última vez, casi lo engañan: Gary le había dado la vuelta de cinco dólares en lugar de la de diez. Jonathan se preguntaba si no lo habría hecho a propósito.

El resto de la semana transcurrió sin sobresaltos. Se centró en su trabajo, esforzándose cada día por alcanzar los objetivos que él y sus socios se habían marcado.

Aquello le valdría para cerrarle la boca a Michael, quien un día le había soltado, medio muerto de risa: «Si yo fuera un cliente, tu cara no me inspiraría confianza». Aquella frase reaparecía con regularidad en su mente, volvía a ver aquella escena, que se repetía una y otra vez, y lo invadía así el deseo de tomarse la revancha. Ganar a Michael tenía que ser posible si trabajaba sin descanso.

Al llegar el viernes, Jonathan se dio cuenta de repente de que cuidar a Chloé le impediría volver a ver a la gitana ese fin de semana. Era impensable llevarla con él... Y, sin embargo, no se sentía capaz de esperar más tiempo. *Tenía* que verla, hablar con ella. No tenía ánimo para seguir atormentándose ocho días más.

Acabó descolgando el teléfono.

—Angela, soy yo, Jonathan.

Silencio al otro lado de la línea.

—¿Hola? —dijo él.

—Dime, Jonathan...

—Tengo... un pequeño problema...

—Déjame adivinar: ¿no estás libre este fin de semana?

—No, pero... sí... en fin...

—Ve al grano, Jonathan. Tengo cosas que hacer. Las plantas me esperan...

—Sólo quería llevarte a Chloé un poco antes de lo previsto este domingo.

Silencio.

Un suspiro al otro lado de la línea.

Jonathan no insistió.

Llegó el fin de semana. Con sus siete años de edad, Chloé irradió su buen humor por la casa, como de costumbre. El sábado fueron a Stinson Beach. El viento había soplado con bastante fuerza la noche anterior y las olas, un poco más altas de lo habitual, rompían contra la arena deshaciéndose en espuma de olor salado.

Ella se pasó la mañana jugando en la playa, cavando una piscina en la arena, haciendo castillos y —su juego preferido— corriendo en el agua y saltando cuando llegaba una ola.

—¡Papá! ¡Ven a jugar!

—Dentro de un rato, cariño...

Él la observaba por el rabillo del ojo mientras respondía correos de clientes. Si dejaba que se acumulasen, sería imposible contestarlos todos.

—Venga, papi...

Acabó logrando arrastrarlo a la orilla y se colgó de su cuello gritando, salpicándolo con aquella agua atrozmente helada. Sus risas silenciaban las protestas de Jonathan.

Se instalaron en la terraza del Parkside Cafe para comer,

a la sombra de un gran pino piñonero del que emanaba el aroma de sus millones de agujas calentadas por el sol.

Luego Chloé se fue corriendo hacia el parque de enfrente.

—¡Ven conmigo! —le suplicó.

—Ve, que yo te miro.

Se sentó en un banco y envidió la alegría de vivir de su hija y su despreocupación. Se quedó mirando cómo jugaba y trató de disfrutar de aquel momento, pero ¿cómo relajarse cuando se tiene la cabeza saturada con mil y una cosas por hacer que sabemos que se acumulan mientras estamos ahí, quietos, inactivos? Volvían a él como aguijonazos, en forma de pensamientos furtivos que lo atacaban uno tras otro: el sótano por ordenar, las miles de fotos que duplicar y guardar antes de que un accidente las destruyera, las compras por hacer —acordarse de comprar papel de cocina—, aprovechar el verano para pintar las contraventanas antes de que se pudriesen, lavar el coche, regar el jardín y, por supuesto... Arrancar el trébol en cuanto brotase. Y, además, sí, por Dios: responder a Tita Margie, de la que había tenido noticia gracias a una bonita carta escrita a mano de las que ya no manda nadie. Ya hacía un mes... Qué vergüenza...

De repente, le pasó por la mente la imagen de las gitanas. Se las imaginaba ejerciendo en la escollera, frente al Pier 39. Habría que esperar ocho días más... Una espera cruel.

—Venga, papi...

Jonathan negó con la cabeza obligándose a sonreír. Con todas aquellas preocupaciones, ¿cómo iba a poder jugar con su hija?

Pero Chloé no cedió. Se acercó a él.

—Entonces, ¡cuéntame una historia!

—Bueno, vale.

—¡Toma! ¡Toma! ¡Genial!

Se echó a sus brazos.

—Bueno... es la historia...

En aquel momento sonó el teléfono. El número de un posible cliente al que trataba de localizar desde hacía dos días.

—Dame un minuto, peque... es una llamada importante. Y, sobre todo, ni un ruido... ¡chis!

Al día siguiente se fueron a montar en bici por la orilla del mar. Cuando llegaron a Lombard Gate se desviaron hacia el oeste, con cuidado de darle la espalda a la escollera maldita. Tomaron el paseo del Presidio deslizándose entre las bonitas casas de la costa y las grandes coníferas que destacan contra el cielo. El aroma de la brisa marina flotaba en el aire. De vez en cuando aparecía la esbelta silueta del Golden Gate, como si un pintor algo pícaro se hubiese divertido cerrando la bahía con una pincelada naranja. Chloé pedaleaba a toda velocidad con su pequeña bicicleta, encantada, desbordando una felicidad contagiosa, con una gran sonrisa en los labios que llenaba a Jonathan de alegría. Consiguió olvidarse de la profecía indignante que le habían hecho. Pero, de repente, a la vuelta de una de las numerosas curvas de la pista, apareció el National Cemetery, y la visión de aquellos miles de cruces blancas que salpicaban las colinas le hundió bruscamente la moral para el resto del paseo.

Llevó a Chloé a casa de su madre a la hora de costumbre, con puntualidad. Como siempre, sonrió para ocultar el habitual dolor de la separación. Esperó a que la puerta de la casita amarilla se cerrara y luego arrancó a toda prisa.

19:01. «Nunca se sabe.» Sin duda los turistas se habrían marchado ya de la escollera para dirigirse a sus hoteles, y los paseantes domingueros, a sus hogares. Pero valía la pena intentarlo. La acción aligera la angustia.

Luchó contra la tentación del exceso de velocidad —desde luego, no tenía ninguna gana de andarse con recursos por una multa—, luego dio vueltas durante un cuarto de hora largo, ya de los nervios, para aparcar en el barrio del puerto. Corrió hacia la escollera con un nudo en el estómago. Sentía una especie de angustia, y cuanto más se acercaba al lugar, más se le tensaban los músculos de las piernas. Contra todo pronóstico, el sitio estaba todavía repleto de paseantes que disfrutaban de la buena tarde. Se subió a un banco para barrer el lugar con la mirada, de un lado a otro, en busca del largo cabello negro, escudriñando los rostros. Nada. Subió por la escollera hasta el final, luego volvió bordeando el otro muelle. Permanecía en guardia, al acecho. En vano. Su frustración iba aumentando lentamente. Se dirigió hacia un puesto de helados.

—¿Qué le pongo? —preguntó el tipo, ya en la cincuentena, con la piel mate y el pelo como el tizón, liso y mal cortado, que le tapaba la cara.

—Sólo una pregunta: ¿ha visto usted a las gitanas? Ya sabe, las que leen las líneas de la mano...

El hombre entrecerró los ojos.

—¿Qué es lo que quiere de ellas? —preguntó con suspicacia.

—Una de ellas me... predijo el futuro y me gustaría saber un poco más... Tan sólo quería... una segunda sesión. ¿Las conoce?

El otro lo miró fijamente en silencio durante un rato.

—Han estado aquí por la tarde. Ahora no sé dónde están.

—¿Vienen todos los fines de semana?

—Pues la verdad es que no les llevo la agenda. Señora, ¿qué sabor quiere?

Jonathan se quedó unos instantes estudiando a la multitud, luego se puso en camino hacia su coche de mala gana. Volvería a probar suerte el fin de semana siguiente. Pero, en el fondo, no creía que la tuviera. Sentía que tendría que aprender a dejarlo pasar, a olvidarse de aquella predicción estúpida que no demostraba nada. Si las líneas de nuestra mano dijeran algo sobre nuestra vida, los científicos lo sabrían desde hace mucho tiempo, ¿no? Más valía olvidarse enseguida de aquellas tonterías. Pasar página.

Se acordó de repente de John, aquel compañero de la facultad que, péndulo en mano, le había augurado... un hijo. No pudo evitar sonreír ante la idea... Y fue entonces cuando la vio, unos pasos por delante de él. No a la que le había leído la mano, sino a la otra, con más cuerpo y de más edad, la que la había llamado Lisa cuando huía. Se abalanzó literalmente sobre ella.

—Su amiga, ¿dónde está? ¡Quiero verla!

La mujer no se dejó intimidar y se lo quedó mirando con severidad.

—Pero ¿tú qué es lo que quieres? —le dijo con un tono muy grosero—. Ya has visto a mi hermana. ¿Qué más quieres?

Sin esperar una respuesta, la gitana le agarró bruscamente la mano y le separó los dedos. Él se puso tenso, pero la dejó hacer.

—Ya te lo dijo Lisa —continuó soltándosela sin miramiento—. Vas a morir. Está escrito.

—¿Qué les permite decir semejante cosa? ¡Es un escándalo meterle una cosa así en la cabeza a la gente!

—Si no tienes ganas de oírlo, ¿para qué vienes?

—Y ¿cuándo se supone que voy a morirme, eh? ¿Cuándo?

Lo miró con desdén. No había el más mínimo rastro de piedad en sus ojos.

—Ya deberías estar muerto. Considérate afortunado. Pero no acabarás el año. Y, ahora, déjanos en paz.

La violencia de aquellas palabras lo dejó petrificado. Se quedó mirando cómo se alejaba, completamente atónito.

5

Los días que siguieron le resultaron especialmente penosos. Jonathan tenía la impresión de que le habían dado un gran golpe en la cabeza. Él, que se había negado a concederle demasiado crédito a la primera gitana, ahora se la tomaba en serio. A su hermana, a su detestable hermana de comportamiento inmundo, la había odiado, pero lo más horrible era que, a pesar de todo, le había parecido... sincera. Con una ausencia inaudita de la más mínima compasión, de la más mínima empatía, pero... sincera. Con una especie de franqueza brutal, desconcertante, demoledora.

Por supuesto, se puede ser sincero y, sin embargo, errar, estar equivocado pese a estar seguro de uno mismo. No quita... Todo aquello dejaba a Jonathan sin habla, absolutamente trastornado. Tenía la impresión de que el mundo temblaba bajo sus pies, de que su vida estaba a punto de desmoronarse. Él, que nunca se había preocupado hasta entonces por la duración de su existencia, se sorprendió a sí mismo pensando en el final, y aquella idea era... inaceptable, insoportable.

Trató de retomar el curso normal de su vida. Se obligó a levantarse por las mañanas a la hora de siempre, asumiendo sus responsabilidades sin ganas, encadenando sus labores profesionales con sus tareas personales. Pero la predicción de las gitanas lo obsesionaba y, en el fondo, se preguntaba si no tendrían razón.

Tras una semana en aquel estado semiletárgico, tuvo un arranque y se decidió a visitar al doctor Stern. Exigió un chequeo completo. Análisis de sangre, radiografías, escáneres, resonancias: el lote completo. El médico le extendió el volante mientras le decía con voz impasible que, en ausencia del más mínimo síntoma, el seguro se negaría a cubrirlo. Le presentaron un presupuesto de siete mil ochocientos dólares que lo dejó sin habla.

Lo vivió como una gran injusticia. Si hubiera sido rico, habría podido reaccionar y, en caso necesario, curarse a tiempo. Rumió su rencor día tras día, pero al final acabó resignándose. Al fin y al cabo, ¿las pruebas médicas no serían inútiles? Si tenía que morir, moriría de todas formas. Uno no puede oponerse a su destino. ¿No era la historia de Catalina de Médici un ejemplo de ello? Su astrólogo, Cosme Ruggieri, le había vaticinado que moriría cerca de Saint-Germain. Durante toda su vida se mantuvo religiosamente alejada de todos los lugares que llevaran aquel nombre, incluso llegó a ordenar la interrupción de las obras de construcción del palacio de las Tullerías, demasiado cercano a Saint-Germain l'Auxerrois. Pero llegó el día en que cayó enferma, tan enferma que acabaron por enviar a un sacerdote a su cabecera. En la agonía, se volvió hacia él y, con un postrer esfuerzo, le preguntó su nombre. Él respondió con voz dulce y reconfortante: Julian de Saint-Germain. Los ojos de la anciana reina de Francia se abrieron desmesuradamente a causa del horror, y exhaló su último suspiro.

Jonathan estaba cansado. Se sentía como un pájaro con las alas cargadas de plomo en pleno vuelo.

A pesar de todo, continuó aferrándose a su vida de costumbre, aunque se le hacía cada vez más difícil lucir la sonrisa exigida por su trabajo y sus roles como hombre, padre y vecino. Citas, negociaciones, objeciones, firmas, atascos, objetivos no alcanzados, de acuerdo señor posible cliente, no señor cliente, y además compra, colada, lavar los platos, limpiar, basura, solicitudes... La lucha diaria proseguía, sólo que la vida había perdido el atractivo que había podido adoptar, un encanto que a Jonathan nunca se le había pasado por la cabeza apreciar anteriormente, pero cuya pérdida ensalzaba a posteriori. Uno no se da cuenta del valor de la vida hasta que ésta no se encuentra amenazada.

Ahora la muerte se cernía de forma permanente sobre Jonathan, superponiéndose de manera implícita al desarrollo de su existencia. Más allá del miedo, que lo atormentaba a su pesar, su mente se había vaciado de los proyectos que antes reclamaban su atención. Siempre había tenido la costumbre de consolarse del presente decepcionante imaginándose proyectos para un futuro lleno de pequeñas promesas agradables: las vacaciones del año siguiente, la perspectiva de compra de un mueble nuevo, de un par de zapatos, de un coche de primera mano, la esperanza de conocer a alguien y, sobre todo, la expectativa de que un día podría mudarse por fin a una casa un poco más amplia. De repente, era como si le hubieran robado todo aquel futuro al que se había aferrado hasta entonces. El porvenir había desaparecido. No le quedaba más que lo que ya tenía, aquel presente triste y jalonado de problemas, sin esperanza ya de cambio.

Una mañana, a la hora de levantarse para ir a trabajar, se dio cuenta de que ya no podía continuar así. Ya no se sentía con ánimo para ello ni encontraba la energía para motivarse. Ni fuerzas para levantarse.

El desasosiego en el que se había sumido lo llevaba incluso a poner en tela de juicio su existencia anterior. ¿Qué sentido tenía vivir así? ¿Adónde lo conducía aquello? Trabajar sin parar, luchar contra las dificultades esperando el fin de semana para saciar en las tiendas los pocos deseos que la sociedad había logrado despertar en él y sentir entonces una satisfacción ínfima sin continuación alguna. Y después a trabajar otra vez para poder volver a comenzar el fin de semana siguiente. ¿La vida no era más que una alternancia de esfuerzo y de placeres frívolos y efímeros?

En cuanto a su ambición secreta, superarse convirtiéndose en mejor comercial que Michael, ya no tenía mucho sentido. Le parecía una fuente de motivación ridícula, sin interés real. ¿Acaso su trabajo tenía sentido? Firmar siempre más contratos... A fin de cuentas, ¿para qué servía aquello?

Jonathan necesitaba hacer una pausa, detener aquella secuencia infernal y tomar distancia. Decidir lo que quería hacer con el resto de su vida. Si por casualidad moría antes de final de año, ¿qué le satisfaría haber vivido durante sus últimos meses?

Reunió a sus socios y les explicó que los problemas personales lo obligaban a tomarse un descanso. Su ausencia no tendría repercusiones económicas para ellos: el reparto de los ingresos era proporcional a los contratos firmados por cada uno. La asistente efectuaría el seguimiento de los expedientes en curso.

—¿Estarás ausente mucho tiempo? —preguntó Michael.

Jonathan respiró profundamente. No tenía ni la más mínima idea.

—El tiempo que haga falta...

Angela no hizo ni el más mínimo comentario.

Aquel día, Michael lo acompañó amablemente hasta la puerta de la gestoría.

—Sabía que esto no iba bien —le dijo bajando la voz—. Escucha, tómate tu tiempo y piensa en mi propuesta.

Una vez de vuelta en casa, Jonathan metió en una bolsa de viaje lo mínimo necesario, entró de un salto en su viejo Chevrolet blanco y se precipitó por la carretera 101, directo hacia el sur. Despejado de la acostumbrada bruma matinal, el cielo, de un azul intenso, le pareció infinito.

6

«—Damos paso en este mismo momento a Eva Campbell, nuestra enviada especial en Flushing Meadows.

»—Hola, Tony. Pues bien, imagínense, Austin Fisher acaba de superar la primera ronda del US Open. Se ha merendado al simpático australiano Jeremy Taylor, cuadragésimo tercer jugador del mundo. Un partido impecable en tres sets: 6-2, 6-4 y 6-3. Tengo a Austin a mi lado...»

—¿Vas a pasarte toda la comida sin quitarle ojo a esa tele? —preguntó Angela.

Se habían sentado en la terraza del café de la plaza, cerca del ventanal abierto de par en par, y Michael tenía la mirada clavada en la pantalla fijada a la pared del interior.

—Te apuesto lo que quieras a que gana el torneo.

—Pues qué bien —repuso Angela con aquel tono sarcástico tan característico en ella.

—¿Te das cuenta? Batiría el récord de victorias en un Grand Slam...

—Me cambiará la vida.

A continuación, cogió la hamburguesa de su plato y le pegó un buen mordisco, con ganas.

—Reconocerás que, de todas formas, sería incre...

Angela lo interrumpió con la boca llena.

—Chloé dejará de despertarme por las noches, no tendrá más pesadillas...

—Para...

—Los clientes firmarán los contratos sin regatear...

Michael rompió a reír.

—Angela...

—No, venga, sigue viendo la tele. Tú, como si no existiera...

—Mira, me lo están metiendo por los ojos, no puedo resistirme...

—En cualquier caso, resistes perfectamente las ganas de hablar con la mujer que tienes enfrente.

Su socio estalló en una carcajada.

—O sea, que vas a convertirme en la nueva válvula de escape de tu mal humor...

Entonces fue Angela quien sonrió. Michael volvió a servirles vino.

—Según tú, ¿Jonathan volverá o va a dejarlo? —le preguntó.

—Va a volver, seguro.

Angela frunció el ceño.

—La última vez pensabas lo contrario...

—Ya... Pero, al final, creo que va a recuperarse, a meterse en el trabajo. ¿Sabes? Cuanto más lo pienso, más me digo que es de la clase de personas que se aferran a las cosas. Sí, está unido de por vida a esta empresa.

—¿Te has propuesto ponerme de mal humor para reprochármelo luego?

Michael sonrió.

—No, pero... creo que pierdes el tiempo esperando. No merece la pena.

—De verdad, ¿quieres amargarme la comida?

—Lo que es seguro es que vuestra situación resulta insostenible...

Angela suspiró y volvió a dar un mordisco a la hamburguesa.

—Mira que son cobardes los hombres...

—Gracias por generalizar...

—Incapaces de asumir sus responsabilidades...

—Eso, por lo menos, no puede decirse de Jonathan.

Angela se encogió de hombros.

—El día que volví a casa y me lo encontré con una chica con los pechos al aire, ¿a que no adivinas lo que me dijo?

—Di...

—«No es lo que piensas... no es más que la nueva canguro... Bueno, es sólo una candidata...»

Michael contuvo una sonrisa.

—Debió de ser un duro golpe.

—Le pregunté si tenía intención de hacerle pasar un test de lactancia. Para nuestra hija de siete años.

Michael soltó otra carcajada.

Angela dio un bocado que masticó con la mirada perdida.

—¿Qué quieres que te diga? —dijo Michael.

—¿Qué?

El hombre cogió aire.

—De hecho, creo que si estuviera en tu lugar, sería yo quien dejaría la empresa. Para pasar página de una vez por todas.

—Me gano la vida. Estoy contenta de haber llegado...

—Sólo te doy mi opinión...

—¡Jamás! ¿Me oyes?

—Lo decía por decir...

—Encima de que soy yo la que tiene que criar sola a Chloé, sólo faltaría que fuese también yo quien tuviera que buscarse un trabajo nuevo con los tiempos que corren... ¡Y qué más!

—Comprendo tu reacción, pero tienes que pensar en tu interés de forma absoluta, no sólo actuar en función de Jonathan.

—No siempre me va a tocar a mí sacrificarme...

Michael le dio un trago al vino.

—Mira, tómate tu tiempo y reflexiona. Si cambias de opinión, dímelo. Es posible que tenga una propuesta que hacerte.

Alejó la imagen con el zum. La terraza apareció en su totalidad, en plano general. Luego Ryan cortó.

Todo aquello no valía lo que la toma del otro día, desde la ventana de su habitación, cuando había grabado a Jonathan en su jardín, arrancando a cuatro patas el trébol, uno por uno, en lugar de echar herbicida como todo el mundo. Era una cosa tan tonta que se había reído solo. El vídeo había tenido éxito. Ciento catorce «Me gusta» y diecisiete comentarios.

Ryan le dio un trago a la Coca-Cola.

Vio en la terraza a dos jóvenes en plena conversación. Un diálogo animado. Orientó hacia ellos el micro parabólico y ajustó la toma de sonido. Luego activó la grabación.

7

La carretera 101 bordeaba la bahía de San Francisco a lo largo de una veintena de kilómetros, luego se adentraba en tierra durante cerca de dos horas antes de regresar al océano al acercarse a Monterrey. Al continuar un poco más hacia el sur, la vegetación se volvía más densa y de los pinos, predominantes en el paisaje, emanaba un aroma a vacaciones.

El sol estaba todavía en lo alto cuando el viejo Chevrolet de Jonathan se metió en el camino bordeado de cipreses y buganvillas. La casa de su tía surgió tras la curva, una bonita construcción blanca, llena de encanto sin ser pretenciosa, en medio de la vegetación. Apagó el motor y abrió la puerta. El suave perfume de las flores lo transportó en un instante treinta años atrás. Tenía seis años, su familia acababa de volver de Francia y le habían hecho una visita a la Tita Margie por primera vez. Al bajar del coche se había sentido fascinado por los olores mezclados a rosas, clemátides y madreselvas que aureolaban el lugar con un perfume paradisiaco, como si un hada hubiese esparcido un puñado de polvo mágico en la casa y el jardín. Tres décadas más tarde, las mismas flores destilaban el mismo sentimiento.

Avanzó hacia la casa. La grava del camino crujió a su paso. Más abajo, un centenar de metros más lejos, apenas escondido tras las altas ramas de los pinos centenarios retorcidos por los vientos de los numerosos inviernos, el océano, de un azul profundo, parecía dormido.

Tita Margie apareció en la escalera de la entrada con la misma sonrisa que había mostrado treinta años antes al verlo por primera vez, con el mismo destello en los ojos de alegría, de viveza e incluso de una cierta picardía, rara en una persona de su edad.

Había tenido una vida intensa. Se le conocían tres maridos y, al menos, otras tantas profesiones. Como arqueóloga, se había especializado en el estudio de los cráneos de los primeros habitantes del planeta, pues prefería los hombres a las piedras, y había ejercido durante más de veinte años. Luego, un buen día, decidió que los vivos eran más interesantes que los muertos y retomó los estudios, esta vez de biología. Después de unos años de trabajo de laboratorio, creó su propia fundación, cuya finalidad Jonathan nunca había llegado a comprender del todo. Se trataba de investigar para explorar territorios habitualmente desatendidos por la ciencia. En aquellos momentos estaba jubilada desde hacía diez años, pero seguía siendo la presidenta de honor de la fundación. El joven sospechaba que, en realidad, la Tita Margie nunca había pasado página, que se mantenía en contacto con los investigadores.

—Tu habitación está lista —dijo Margie—. ¡Puedes quedarte tanto tiempo como quieras!

Se dieron un abrazo.

—Hace mucho tiempo que no tengo noticias tuyas —continuó—. He llegado a la conclusión de que no tenías ninguna preocupación.

—¡Margie!

Ésta soltó una risita. No se equivocaba y, en el fondo, Jonathan se sintió un poco culpable: en efecto, rara era la vez que la visitaba cuando no la necesitaba, a pesar del amor sincero que le profesaba. Nuestras vidas a cien por hora nos llevan a veces a descuidar a aquellos que amamos.

—De hecho —le dijo—, recibí tu carta el mes pasado. Quería responderte, pero no he tenido tiempo...

—Me alegro de verte. Has hecho bien en cogerte vacaciones. Cuando uno se pasa la vida enfrascado en algo, se vuelve tonto.

Tomó posesión de la habitación que le tenía reservada, un bonito dormitorio de la primera planta de la casa, con las paredes blancas, muebles con el encanto de la nostalgia pintados en tonos pastel y una atmósfera ligeramente viciada. Aquí y allá, cuadros, grabados y viejas fotos de la India, de Egipto y de Oriente Medio: todos los lugares en que antaño había realizado estudios arqueológicos. En la mesilla de noche había tirado un libro de Karl Jaspers. Jonathan se acercó a la ventana y la abrió. Un leve chirrido de madera de los goznes. El aire perfumado del jardín penetró en el cuarto y lo invadió. La vista al océano era impresionante. Más allá del exuberante jardín, el azul se extendía hasta el infinito. Jonathan se asomó al exterior e inspiró bocanadas de cielo a pleno pulmón.

El ruido y la polución de la ciudad le parecían lejanos, muy lejanos, al igual que el estrés de su trabajo.

Al día siguiente se llevó una desagradable sorpresa al constatar que su coche se había averiado otra vez. Una gran contrariedad, rozando en la ira, lo embargó de inmediato: ¿es que sus problemas iban a seguirlo hasta allí? ¿Iba a tener que seguir peleando contra todo hasta el final de sus días? ¿Era aquél realmente su destino?

—¿Dentro de veinte años seguirás pensando en ello? —le preguntó Margie, bastante socarrona ante su malestar.

—¿En qué?

—En esa avería.

—Bueno... Pues no, claro. ¿Por qué?

—Entonces, olvídate de ella ahora mismo —le dijo con malicia.

Se la quedó mirando estupefacto.

Parecía muy menuda al lado de la bonita estela erigida en aquel rincón del jardín. De hecho, era la réplica de la que había descubierto en Arabia al comienzo de su carrera. Magníficamente esculpida, tenía grabadas inscripciones en arameo.

—¿No irás a decirme —añadió— que un montón de chatarra tiene el poder de dictarte tu humor?

—Es que voy a tener que volver a llamar al mecánico, decirle que su arreglo no ha aguantado, voy a tener que gruñir, negociar, tal vez amenazarlo... Estoy harto de luchar por todo.

Margie se echó a reír.

—La verdad, no veo qué tiene de divertido.

—Ay, sí, ¡pobrecito!

—¿Qué?

—¡Me recuerdas a mi primer marido! Él también veía la vida como un combate permanente, resistencia a cada instante. Mi eterno buen humor lo volvía loco. Me creía afortunada, perdonada por la suerte, mientras que él debía pelearse a diario con los marrones que le caían encima. Sólo al final de su vida se dio cuenta de que la mayoría de aquellos problemas eran la consecuencia de su visión del mundo, no la causa...

Se alejó y entró en la casa, dejando a Jonathan perplejo ante unas palabras que le parecían poco racionales.

—Mientras te lo arreglan —le gritó desde la cocina—, coge mi viejo cacharro, le vendrá bien moverse un poco más. No lo saco más que una vez a la semana para ir a la compra, debe de estar muerto de aburrimiento.

—¿Te deja tu seguro?

—No te estreses.

La puerta del garaje se abrió chirriando de manera horrible y dejando salir un ligero olor a moho. El viejo Triumph descapotable debía de datar de los años setenta. Era rojo oscuro con una capota negra un poco descolorida.

Carraspeó y luego arrancó sin demasiada dificultad, con un zumbido un poco sordo. Jonathan abrió la capota y se puso las gafas de sol.

Poco rato después, recorría las carreteritas desiertas de Big Sur entre las montañas verdeantes, cuyo relieve recortado se hundía en el mar. El aire de la costa olía bien y el sol parecía eterno. Había conseguido salir de su estresante día a día y, de repente, tenía ganas de disfrutar de cada segundo de su tiempo. Si de verdad estaba escrito que iba a morir joven, entonces debía aprovechar plenamente cada instante y no someterse a su día a día lamentándose de su suerte. Y, si daba la casualidad de que la vida consistía únicamente en aprovechar lo que puede ofrecer, desde luego había elegido el lugar idóneo para disfrutar de los goces de este mundo. Sólo se dio una orden: saborear cada segundo sin pensar nunca en la muerte.

Al cabo de una semana, se conocía la mayoría de los restaurantes agradables de la costa, se había zambullido en las frías aguas de calas olvidadas, aletargado en la arena contemplando las estrellas, paladeado con Margie pasteles cuyo secreto la mujer guardaba celosamente, caminado por la orilla escuchando el grito de las gaviotas, bailado en la terraza de un club de copas a cielo abierto, probado el placer de un rollo sin complicaciones y asistido cada tarde a la puesta de sol con una copa de chardonnay en la mano.

De todas formas, seguía conectado, por supuesto. Los correos electrónicos y las noticias de las páginas de prensa digital eran una parte demasiado importante de su estilo de vida para que pudiera plantearse pasar sin ellos. Se permitía responder a algunas de las preguntas de los clientes y reenviaba las demás a la asistente. Y se mantenía informado a diario de toda la actualidad.

El descanso le sentaba bien, era un paréntesis abierto a una existencia placentera, sin preocupaciones, y se dejaba llevar sin moderación por el ocio.

Pero, a pesar de ello, después de algún tiempo llevando aquella vida ligera, comenzó a sentir en su interior, insidiosamente, la vacuidad. Su ociosidad era, en efecto, agradable, pero, a fin de cuentas, no le satisfacía realmente, no se sentía realizado. Los placeres sucedían a los placeres, pero su intensidad disminuía de manera progresiva, forzándolo a buscar nuevas diversiones. Empezaba a comprender por qué la buena vida de ciertos niños ricos conducía con tanta facilidad al consumo de drogas duras.

Había otro problema: el tiempo. Cada día el tiempo se aceleraba un poco. A pesar de ser poco activos, le parecía que sus días pasaban en un abrir y cerrar de ojos. Empezaba a sentir que aquel momento iba a desaparecer velozmente, así como el resto de su vida.

Quería encontrar la manera de contener el paso del tiempo. Cuando era un crío, una simple tarde le parecía larga, muy larga. Pero de adulto, la vida pasaba a toda velocidad; cada año pasaba más rápido que el anterior. Además, un amigo físico le había dicho que, en lo que se refiere a la percepción, alcanzamos la mitad de nuestra vida a los dieciséis años de edad.

8

Nada que llevarse a la boca. Sólo trivialidades, ni siquiera graciosas.

La anilla de la lata de aluminio se rasgó ruidosamente y luego tintineó tras un golpe seco cuando Ryan la arrancó por completo. La Coca-Cola llenó el vaso invadiéndolo con una espuma creciente y chisporroteante. Ryan se la llevó a los labios sin esperar. Un olor familiar. Las burbujillas estallaban lanzando ínfimas gotitas que le hacían cosquillas en la piel. Bebió tres tragos, luego volvió a apoyar el vaso. Con un movimiento del brazo, se secó la boca con la manga de la camiseta negra.

Dos días que no publicaba nada en el blog. Tenía el alma como un tigre hambriento.

Atravesó el salón, entró en la habitación y miró pensativamente por la ventana. La vista desde lo alto de la hilera de jardines de las casas de la calle y de los de la avenida paralela rara vez le aportaba algo.

El único ser humano visible era el pobre diablo de Gary, quien, como cada mañana, leía el correo sentado en una silla de jardín de plástico blanco, en el césped. Una visión para morirse de aburrimiento. El vendedor de *muffins* se encogía de hombros al leer cada una de las cartas. Soporífero a más no poder.

Nada en los otros jardines. Nada en las casas más cercanas, en parte de cuya intimidad podía infiltrarse a través de los cristales, de reojo.

Desmoralizado, Ryan volvió al salón y se paró en seco, con una idea en la cabeza. La tontería no estaba en las palabras o en los actos. También podía encontrarse en las actitudes. En ese caso el humor surgiría de la repetición. Sí, eso es: ese arisco de Gary, con su tristeza idiota, al final resultaba divertido. Siempre que le hiciese una serie... Si todos los días lo preparaba todo de tal manera que los internautas aguardasen el encogimiento de hombros de Gary delante de su correo, podría convertirse en algo para partirse completamente de risa.

Ryan volvió a la habitación y enfocó la cámara hacia el individuo. Zum. A noventa y dos metros, el micro parabólico captó enseguida el ruido del sobre al rasgarlo. Maravillas de la tecnología. En plano medio, Gary frunció el ceño al sacar la carta. La leyó y luego, inevitablemente, se encogió de hombros. Ryan rompió a reír. ¡Claro que sí! ¡Gary era un personaje! ¡Uno de los buenos! Le tocaba ponerlo en escena...

Resultaba evidente que corría más riesgos que al filmar a un grupo en un lugar público. Pero, bueno, la probabilidad de que un internauta de Minneapolis conociese a un fracasado de San Francisco era cercana a cero. Y, además, Ryan había tomado precauciones. El blog estaba alojado en un servidor deslocalizado. Para llegar hasta él había que identificar y sortear varios servidores pantalla. Para una tontería de aquel tipo, nadie se tomaría la molestia.

Quince minutos más tarde, Ryan clicó en «Enter» y la imagen de Gary apareció en el blog mientras tecleaba el título: «La vida de los inútiles, episodio 1». Ryan estaba convencido: era el primero de una larga serie.

9

—¿Y si sales a caminar?

La sugerencia de Margie cogió a Jonathan desprevenido.

—¿A caminar?

—Sí, aquí hay senderos por todas partes. Ya no se ve a nadie por la zona y, sin embargo, es muy bonita, ¿sabes?

Era muy bonita, en efecto, y le sorprendió redescubrir con una mirada nueva los lugares que recorría desde hacía ocho días montado en el Triumph. Con la velocidad se pierde en emociones lo que se gana en sensaciones.

La naturaleza era espléndida, rica y fragante. Algunas laderas estaban cubiertas de matorrales de un verde intenso, de arbustos y de malezas que dejaban a veces aparecer orquídeas salvajes. Otras estaban pobladas de coníferas de sombra reconfortante. Al acercarse al océano, se veían secuoyas de troncos rojos esculpidos por los años.

Los cantos de toda clase de pájaros acompañaban sus caminatas, y una tarde incluso vio un cóndor planear majestuosamente en el cielo.

Los montes se sucedían, las bajadas fáciles iban a dar a subidas arduas que lo dejaban sin aliento en un continuo volver a empezar. Pero, tan pronto coronaba una colina, gozaba de una vista diferente, y a veces el mar aparecía entre las montañas. El paisaje se renovaba y, en todo momento, la fascinación de Jonathan permanecía intacta. El mismo panorama resultaba mucho más grandioso tras el costoso esfuerzo de una ascensión que tras una simple parada en coche. ¿Era el orgullo por la hazaña realizada? ¿O la naturaleza reservaba su belleza a los que habían pagado su precio?

Aparte de aquella plenitud, Jonathan vivió una pequeña conmoción el día en que descubrió que, durante sus largas caminatas, su móvil... ¡no tenía cobertura! Al principio aquello lo enfadaba, e incluso lo preocupaba, experimentaba esa ligera sensación de vínculo que se rompe, de relación interrumpida, de manera que, en cada cima que alcanzaba, sacaba el móvil y lo tendía desesperadamente hacia el cielo como para recibir los mensajes del universo. Moisés alzando su vara. Era inútil.

Primero tuvo la impresión de estar aislado, separado del mundo, hasta que se dio cuenta de que nunca había estado tan conectado a él. No ya a los medios que seleccionaban para él las malas noticias de la superficie del globo, no ya a los emails o a los mensajes de conocidos que se acordaban de él a todas las horas del día o de la noche para probarse, todos ellos, que existían todavía a ojos del otro. No, lo que sentía era de un orden del todo distinto, y para él era completamente nuevo: se sentía conectado a sí mismo, a su cuerpo, a sus sentimientos, a su interior, pero también, para su sorpresa, conectado a la Tierra, a la vida animal y vegetal.

Cada hora de caminata avivaba en él aquella llama, aquella riqueza desconocida o adormecida desde hacía tanto tiempo que había olvidado su existencia.

Día tras día, su euforia aumentaba. El rencor y la depresión que se habían adueñado de él durante un tiempo desaparecían por completo. Poco a poco, caminar fue llenándolo de un sentimiento de gratitud absolutamente nuevo para él. Gratitud hacia la belleza del mundo, hacia la vida, que le ofrecía, por fin, una alegría y una serenidad hasta aquel momento insospechadas. Él, que tenía la costumbre de refunfuñar contra todos los problemas de su existencia, tenía entonces ganas de dar las gracias sin saber a quién destinarle ese agradecimiento. Un «gracias» enviado al universo como otros lanzan botellas al mar. Gracias por estar vivo, gracias por respirar, gracias por ver, por sentir, por oír. Las predicciones de muerte de las gitanas ya no importaban. Estaba con vida, en aquel instante, y era lo único que importaba.

Tita Margie tenía su propia opinión sobre el asunto y la compartió con él una noche en su jardín. Estaban sentados en unos bonitos sillones de mimbre con cojines mullidos. Como otras muchas veces, la mujer había preparado una tetera humeante a la que había echado una cucharada de miel y... una gotita de vodka.

—La naturaleza nos devuelve lo que la sociedad nos ha quitado.

—¿Qué?

—Nuestra completitud.

—Esto... ¿puedes explicármelo, por favor?

—Somos seres completos y la naturaleza nos conduce a volver a sentirlo de manera profunda, mientras que la sociedad crea en nosotros la sensación de carencia. Sabe hacernos creer y nos hace sentir que carecemos de algo para ser felices. Nos impide estar satisfechos con lo que tenemos, con lo que somos. No deja de hacernos creer que estamos incompletos.

Aquellas palabras tenían un eco especial en él. Aquel estado de plenitud que evocaba, en efecto, se correspondía con lo que había sentido en la naturaleza. Un estado muy alejado del regusto al final insípido y decepcionante que le había dejado su primera semana, consumida en placeres de toda clase, como le explicó a Margie.

—¡Eso es otra cosa muy distinta! —exclamó la Tita con una sonrisa burlona en los labios—. ¡Esa semana te abandonaste al pecado!

—Hay que tener un poco de morro para reprocharme eso con una botella de vodka encima de la mesa. Tú que has tenido tres maridos...

Margie se echó a reír.

—Mi querido sobrino, ¡en ningún momento he dicho que pecar estuviera mal!

—Entonces, sí que no te sigo...

—Si supieses arameo, lo entenderías...

—Demasiado tonto: en el instituto di francés y español.

Margie sonrió y les sirvió otra taza de té.

—Nuestros eclesiásticos han tratado de hacernos sentir culpables, pues sí, como si pecar fuera siempre cometer una terrible falta contra la moral... Todo por culpa de un simple error de traducción...

—¿Un error de traducción?

—Sí, la palabra original, utilizada por Jesús, que traducimos como «pecado» era *khtahayn*. Significa más bien «error», en el sentido de hacer algo que no se corresponde con un objetivo. De la misma manera, cuando Jesús hablaba de lo que está mal, utilizaba la palabra *bisha*, que quiere decir más bien «inadecuado». En resumen, en realidad cometer pecados no es obrar mal, sino más bien equivocarse y alejarse del objetivo.

—¿El objetivo? Pero... ¿qué objetivo?

—Ah... ésa es la cuestión... —dijo vertiendo té en las tazas—. Los cristianos, judíos y musulmanes te responderán sin dudar «hallar a Dios», los budistas «lograr el despertar», los hinduistas «alcanzar la liberación» y otros te dirán «encontrar la felicidad»... Pero, en el fondo, todo eso es sin duda más o menos lo mismo. Como está escrito en los Veda de la India: «La verdad es una, numerosos son los nombres que le otorgan los sabios».

—Encontrar la felicidad —repitió Jonathan pensativamente.

Le dio un sorbo al té. Su calidez era suave y perfumada. La luz declinaba lentamente a su alrededor. A lo lejos, la superficie del océano reflejaba las luces postreras del día, que se coloreaban en el cielo en tonos rosados y anaranjados. En el jardín, inmerso en una calma extraordinaria, se respiraba serenidad. Incluso los pájaros parecían saborear en silencio la belleza del momento.

—Así que a lo que te refieres es a que mi semana de ociosidad no me llevaba por el buen camino para alcanzarla, ¿es eso?

—Sí. Tú mismo te percataste. Y, por otro lado, todo el mundo puede sentir algo así: nos atraen los placeres fácilmente accesibles y, tan pronto los agotamos, ya sean gustativos, ya sean carnales, o incluso una simple noche zapeando de una cadena a otra en la tele, después nos sentimos un poco decepcionados, ¿a que sí? Incluso nos vemos curiosamente frustrados porque ese placer, en realidad, no nos ha alimentado. Todo el mundo se ha sentido así alguna vez. Spinoza lo describió muy bien en el siglo XVII.

—Si lo describió Spinoza...

—Y, una vez más, no hay ningún mal en ello, sólo que no te aportará lo que buscas tú, y buscamos todos, de manera más o menos consciente.

Jonathan se quedó pensativo unos instantes.

—Y... ¿cómo lo explicas? —acabó soltando.

Margie cogió aire.

—Durante tu semana de placeres, buscabas en lo exterior a ti lo que podía, de alguna manera, aportarte felicidad, ¿no es así? En los restaurantes, en las discotecas, en las tiendas o no sé dónde.

—Sí.

—Bueno, pues nunca encontrarás la felicidad en el exterior, ya ves. Puedes pasarte la vida entera persiguiendo un montón de cosas: si no buscas en el sitio correcto, no encontrarás nada. Es como buscar la tumba de Nefertiti en América.

—Um...

—Y cuantos más placeres procedentes del exterior obtengas, más vas a condicionar tu cerebro a dirigirse hacia el exterior para encontrar allí fuentes de satisfacción. En todas las circunstancias, nuestro cerebro nos lleva a hacer, en efecto, lo que cree que es lo mejor para nosotros. El problema es que toma sus decisiones en función de nuestra experiencia. Si le ofreces a tu cerebro fuentes de satisfacción sobre todo externas, te forzará cada vez más a salir de ti mismo.

Jonathan asintió.

—Sin duda ésa es la razón por la que durante tanto

tiempo las religiones han incitado a sus adeptos a alejarse de la búsqueda de placeres.

—Sí, aunque a veces haya tenido como resultado hacernos sentir culpables. Tampoco eso nos conduce a la felicidad... ¡Más vale saborear los placeres que uno se concede! Si uno cede a la tentación, ¡es mejor deleitarse con ella!

El joven sonrió pensativo.

—El problema es que esos placeres en cuestión me atraen, ¿sabes? Si de verdad quiero ser honesto conmigo mismo, diría que también son la razón por la que trabajo. Para pagarme lo que me tienta. Saciar una parte de mis deseos.

—Sí, ya me lo imagino. Como la mayoría de nosotros. Y, como eso no nos satisface completamente, tan pronto como saciamos un deseo, nos ponemos a desear de la misma forma algo nuevo que antes no teníamos en la cabeza. Y, en definitiva, es un poco como una carrera inacabable para colmar nuestros sucesivos deseos.

—Puede ser.

Margie bebió un poco de té.

—Los budistas han comprendido bien ese fenómeno. Consideran que nuestros deseos son una de las causas de nuestros sufrimientos. Por eso invitan a liberarse de los propios deseos.

—Liberarse de los propios deseos...

—Exactamente.

—Vale. Comprendo la teoría, pero, en la práctica, no estoy seguro de compartir esa idea.

—¿Por qué?

—Tengo la ligera sensación de que son mis deseos los que me hacen vivir.

—¿Los que te hacen vivir?

—Claro. Si ya no tengo deseos, no sé qué me va a hacer avanzar en la vida. Son más bien un motor, ¿no? Tengo energía para luchar precisamente porque deseo cosas. Si lograse liberarme de mis deseos, como dices, bueno, pues, habría algo así... como un gran vacío. ¿Sabes?, me imagino así, zen, sin hacer nada porque no tengo ganas de nada, y me parece... un poco tristón, ¿no? Un poco deprimente.

Margie sonrió.

—Ay, cariño, dices eso porque nuestra sociedad no te ha llevado más que a sentir los placeres fugaces procedentes de la satisfacción de tus deseos; no te ha dado la oportunidad de sentir la alegría verdadera, la que viene del interior.

—Tal vez...

—Cuando tus padres querían complacerte, ¿qué hacían?

—Pues no sé, me hacían un regalo...

—¿Qué regalo?

—¿Qué quieres decir?

—¿Cómo elegían ese regalo?

—No lo sé... Supongo que trataban de saber qué juguete me apetecía.

Margie asintió con la cabeza.

—Sí. Qué juguete deseabas... Y, por tu cumpleaños, ¿qué hacían?

—Un regalo, claro.

—¿Para Navidad?

—También, regalos.

Margie se inclinó hacia delante y sirvió más té.

—¿Ves?, el problema es que tus padres querían complacerte de una manera sincera, y tú debías sentirlo así, supongo. Sin duda, querían tu felicidad.

—Por supuesto.

—No se daban cuenta de que, en realidad, estaban enseñándote que uno alcanza la felicidad al recibir algo del exterior para satisfacer sus deseos.

—Ya veo...

—Pero es completamente falso. Cuanto más te dirijas a lo exterior para buscar satisfacciones, más carencias sentirás. Cuanto más persigas tus deseos, menos satisfecho estarás.

Jonathan asintió lentamente.

—Se ha vuelto algo cultural, ¿sabes? —añadió Margie—. Ahora lo tenemos dentro. Nos han condicionado. Y después llegamos a lo que describías hace dos minutos: decías que la satisfacción de tus deseos es lo que te hace avanzar en la vida. ¿Te das cuenta? ¿Ves hasta qué punto estamos condicionados? Y después nos matamos a trabajar por ello, sin percatarnos de que no necesitamos todo aquello que perseguimos...

Jonathan miró pensativo a lo lejos. Un velero se deslizaba lentamente por la superficie del océano.

—Bueno, todo eso está muy bien, pero ¿y yo? ¿Cómo lo hago para luchar contra mis deseos? Porque no puedo hacer nada si están ahí...

—¡Es que sobre todo no hay que luchar contra los deseos de uno mismo!

—Ahora ya sí que no te sigo en absoluto.

—Si luchas contra tus deseos, significa que una parte de ti tiene ganas de algo y otra parte de ti lucha contra esas ganas.

—Exactamente.

—Es una especie de guerra interior entre tú y... tú.

—Podría expresarse así.

—Pues bien, ¡eso no va a funcionar nunca! Por cierto, ésa es la causa de que fracasemos la mayoría de las veces que hacemos una dieta. ¿Entiendes? Cuando uno se declara la guerra a sí mismo, una cosa está clara: ¡uno de nosotros va a perder!

Jonathan la miró desconcertado.

—Entonces, ¿cuál es la solución?

Margie negó con la cabeza.

—De hecho, no creo que puedan «quitarse» cosas de nosotros, ya sean deseos o cualquier otra cosa. Si normalmente tienes unas ganas rabiosas de dulces o de patatas, agárrate para quitártelas. Ánimo.

— Y que lo digas.

—No podemos «quitar» nada de nosotros. Solo podemos «añadir».

—¿Añadir?

—Sí, añadir en nosotros cosas que son más fuertes que nuestros deseos, cosas que trascenderán nuestros deseos y nos alimentarán, nos iluminarán hasta el punto de hacer que los olvidemos. Sólo olvidarlos. Entonces, nuestros deseos se esfumarán por sí mismos. Se disolverán.

—Y... ¿cuáles son esas cosas?

—Las que nos permiten expresar lo que realmente somos y aquello para lo que estamos hechos. Esas cosas que nos aportan una satisfacción, una alegría que viene de lo más profundo de nosotros mismos.

Su sobrino la miró unos instantes sin decir nada.

—Y eso yo... ¿cómo lo encuentro?

Margie se inclinó hacia él y le susurró en tono de confidencia:

—Busca en tu interior.

Jonathan no dejó de mirarla mientras las palabras susurradas encontraban eco en lo más hondo de sí mismo.

Inspiró profundamente. El tiempo parecía suspendido y, en el jardín silencioso, las plantas contenían el aliento.

—Y para eso —prosiguió Margie—, hay que concederse espacio y tiempo para uno mismo. Dejar que emerjan cosas... Aprender a descodificar los mensajes de tu corazón, de tu cuerpo...

Las palabras de Margie parecieron quedar suspendidas en el aire, en la suavidad de la noche, bajo las estrellas titilantes. Ella sonreía, su bella mirada luminosa parecía brotar de todas las hermosas arrugas de un rostro esculpido por los años de una vida rica y rebosante de experiencias.

—No estoy seguro de recibir esos mensajes, como tú los llamas, y, sin embargo, tampoco tengo la impresión de rechazarlos...

—Sin darnos cuenta, en un momento dado todos lo hacemos, en mayor o menor medida.

Jonathan no estaba muy convencido.

—¿A veces te sientes cansado? —preguntó Margie.

—Como todo el mundo.

—Cuando uno está cansado, significa que nuestro cuerpo reclama descanso y nuestro cerebro, sueño. Y nosotros, ¿qué les damos? ¡Un café!

Jonathan asintió lentamente pensando en todo lo que engullía para tirar en el trabajo...

—¿De vez en cuando te pones triste? —le preguntó Margie.

Jonathan suspiró.

—Bueno, sí, a veces, por supuesto.

—¿Qué haces en ese caso?

—¿Qué es lo que hago? Bueno... No sé... ¿Por qué?

—Piensa en la última vez que te ocurrió.

—La última vez... Vale, fue cuando...

—Eso no me importa. Dime sólo lo que hiciste cuando te sentiste depre.

—Muy sencillo: ¡me comí cuatro onzas de chocolate! Pues... No... Ocho.

—Y ¿luego te sentiste mejor?

—En realidad no, pero al menos me proporcionó un poco de placer en aquel momento. Algo es algo.

—Y después ¿qué es lo que hiciste?

—Creo que encendí la tele.

—Ya lo ves, otra vez el mismo esquema. Buscamos en el exterior soluciones a nuestros problemas del interior: el chocolate, un placer que viene de algo ajeno a ti, y la tele, un flujo de informaciones y de emociones que vienen también de fuera.

—Y ¿es grave, doctora?

Margie se rio por lo bajo.

—Como decía Paul Watzlawick, que no vivía lejos de aquí: es un caso desesperado, pero ¡no es grave!

—Qué tranquilizador...

—Bueno, sin duda es mejor que tomar pastillas, ¡aunque sea, una vez más, el mismo esquema! Por otro lado, cuando estás enfermo, estoy segura de que tu primer reflejo es...

Jonathan respondió con un tono de fingido desaliento:

—Tomar un medicamento.

Margie se rio y volvió a servir té.

—Créeme: la mayoría de nuestros problemas se encuentra en nuestro interior.

—Ya veo.

—Es uno de los grandes errores de nuestra época. Escuchamos nuestro fuero interno cada vez menos. Además, a veces ni siquiera llegamos a saber realmente lo que queremos hacer con nuestra vida. Y, por si fuera poco, en el día a día tenemos tendencia a perdernos por querer encajar en normas que no son nuestras, normas impuestas por la sociedad.

—¿Normas?

—Sí, normas o códigos, llámalo como quieras. Códigos de comportamiento, de opinión, y, sobre todo, de gusto. En ocasiones me da la impresión de que no nos gusta lo que nos susurra nuestro corazón, sino lo que nos obligan a que nos guste. ¿Somos de verdad nosotros los que escogemos nuestra ropa, nuestros teléfonos, nuestras bebidas o las películas que vemos?

—Sí, pero en nuestros días es un poco inevitable, ¿sabes? Estamos interconectados, así que todos nos influimos los unos a los otros. No hay nada malo en ello.

—No, por supuesto que no hay nada malo en ello. Pero, en ese contexto de interconexión, hace falta, sin embargo, seguir lo bastante conectado a uno mismo para vivir bien la propia vida, no la de los demás.

Jonathan volvió a pensar en sus largas caminatas, solo en la naturaleza en Big Sur, y en aquel sentimiento tan fuerte, nunca experimentado hasta aquel momento, de ser verdaderamente él mismo.

—Para vivir bien la propia vida —añadió Margie—, es necesario estar al tanto de lo que surge de lo más profundo de nosotros mismos. Oír los mensajes que nos susurra nuestra alma. Pero nuestra alma es como un ángel que murmura con una voz tan suave, tan tenue, que hay que aguzar el oído. ¿Cómo puedes percibirla en una algarabía incesante? ¿Cómo quieres prestarle atención cuando tu espíritu se encuentra acaparado por miles de cosas ajenas a ti mismo de manera constante?

—Quizá no miles...

—Piensa en toda la información a la que estamos sometidos continuamente, en todos los estímulos.

—Déjame que adivine: vas a acusar a la tele, internet, las redes sociales, los videojuegos, las montañas de emails en el móvil, los SMS...

—Yo no acuso, todo eso es muy útil si somos lo bastante vigilantes como para no dejarnos caer en la trampa. ¿Sabes por qué nos volvemos dependientes de todo eso?

—No.

—Porque induce emociones en nosotros. Y, ya ves, cuando sentimos emociones, nos sentimos vivos. Entonces, queremos más y más. Ésa es la razón por la que seguimos conectados a todas esas redes sociales. En cuanto un mensaje nos afecta, sentimos una emoción. ¿Una información nos alerta? Una emoción. ¿Alguien piensa en mí? Una emoción. ¿Una tormenta ha azotado un país? Una emoción. Una vez más, no hay ningún mal en ello, pero, a fuerza de ser absorbidos por lo procedente del exterior, perdemos el contacto con nosotros mismos. Cuantas más emociones se nos provocan desde el exterior, menos sabemos hacer que broten del interior nuestros propios pensamientos, nuestras acciones, nuestros sentimientos. Es un poco como si viviésemos en un vagón de montaña rusa, arrastrados a lo largo del día por un tren cuyo conductor no conocemos y del que ignoramos adónde nos lleva.

Jonathan asintió con la cabeza despacio, pensativo.

—¿Sabes? —prosiguió Margie—. A una semilla le cuesta germinar en una tierra sofocada por una vegetación invasora. Hace falta un poco de espacio para que nos llegue la luz.

Jonathan dejó que su mirada vagara a su alrededor. La luna se alzaba por encima del océano sumiendo el jardín en un claroscuro sobrecogedor. Una tarjeta postal en blanco y negro.

Margie continuó:

—Si no nos concedemos tiempo para escuchar nuestra alma, para recoger lo que viene de lo más profundo de nosotros mismos, entonces uno se arriesga a no conocerse realmente. Y, cuando uno no se conoce...

Se detuvo para darle tranquilamente un mordisco a una galleta de jengibre.

—¿Qué?

—Cuando uno no se conoce, deja que sus ilusiones dirijan su vida.

Jonathan levantó la mirada hacia ella.

—¿Las ilusiones?

—Sí, todos tenemos ilusiones sobre la vida que nos empujan en una u otra dirección. En el fondo, nuestra conciencia sabe que no se trata de la realidad y que estamos errando el camino. Pero, si no escuchamos nuestro corazón, dejamos que esas ilusiones nos embauquen y nos priven de la auténtica libertad. Podemos convertirnos en esclavos de nuestras ilusiones...

—No lo tengo muy claro.

Margie bebió unos sorbos de té.

—Tendría que ilustrar mis afirmaciones... Mira, tomemos a mis maridos como ejemplo.

—La verdad es que has tenido unos cuantos...

—Cuando ama, uno no se para a contar. Mi primer marido era un hombre carismático al que le gustaba el poder. Su ilusión era creer que la gente no era digna de confianza y que era necesario dirigirlo y comprobarlo todo. En cualquier circunstancia, su obsesión era controlar la situación y, sobre todo... ¡a la gente que tenía alrededor! Pero la vida se encarga de transformar nuestras angustias fantasmales en realidad. Los miedosos se hacen atormentar, las gentes que temen no estar a la altura fracasan, los que tienen miedo a ser rechazados terminan siéndolo. Y cuando, por falta de confianza, se desea controlarlo todo, pues no se controla nada: controla a tu mujer y te engañará. Controla a tus hijos y se rebelarán. Controla a tu pueblo y te hará una revolución.

—¿Fue ésa la razón por la que lo dejaste?

—Quería hacerme renunciar a las exploraciones en Egipto. Como si fuese a enamorarme de una momia...

Mojó una galleta en el té y la saboreó.

—¿Y tu segundo marido?

—Él era muy diferente. Su ilusión era creerse más inteligente que todo el mundo. Eso le hacía tener una actitud un tanto condescendiente hacia los demás. Los escuchaba manteniéndose un poco en segundo plano, como si juzgase constantemente las burradas que contaban. Por no hablar de su desprecio por las reacciones emocionales... Llegaba a dejar caer con frialdad algunas palabras destinadas a mostrarle a su interlocutor la falta de racionalidad de sus afirmaciones. Huelga decir que perdimos a muchos de nuestros amigos...

—Pero ¿por qué dices que su inteligencia era una ilusión?

—Lo era la creencia en la superioridad de su inteligencia. No por estar atascado en lo mental es uno más inteligente.

—¿Atascado en lo mental?

—Sí, no voy a darte una clase de biología, pero, por explicarlo de manera sencilla, tenemos tres cerebros...

—Angela hasta dudaba de que tuviera uno; y resulta que al final tengo tres.

—De hecho, para ser más precisos, nuestro cerebro está constituido por tres capas, y cada una está más o menos desarrollada según cada persona: tenemos un cerebro arcaico heredado de nuestros ancestros reptilianos, de hace cuatrocientos millones de años, y por tanto muy anterior al hombre prehistórico. Esa capa del cerebro nos proporciona los instintos primitivos de lucha por la supervivencia, de territorialidad, de agresividad. Hay gente que tiene el cerebro arcaico más desarrollado que otra, y son los más dotados para actuar y reaccionar. En general, tienen afición por el poder, el dinero, el sexo...

—¡Nuestros políticos!

Margie se echó a reír.

—¿Y las otras capas? —preguntó Jonathan.

—El cerebro límbico, gracias al cual sentimos nuestras emociones y las de los demás y que nos permite desarrollar, sobre todo, nuestras capacidades relacionales, apareció con la llegada de los primeros mamíferos que debían cuidar de sus pequeños, incapaces de sobrevivir sin el afecto de los adultos. Y, por fin, el neocórtex, sede de lo que podríamos llamar lo mental: el pensamiento lógico, la capacidad de conceptualización, etcétera.

—Ya veo...

—Lo ideal en la vida es encontrar un equilibrio entre esos tres cerebros para encontrarnos, en definitiva, tan cómodos en la acción y la emoción como en el pensamiento abstracto.

—Así que tu segundo marido tenía el neocórtex bien desarrollado...

—Podría decirse así. Pero la inteligencia no se reduce, por tanto, a lo mental. Se asienta en un uso equilibrado de las tres capas de nuestro cerebro. Y, en su caso, tenía dificultades en el plano emocional. Se conocía poco y comprendía mal a los demás. Era alguien que no escuchaba nunca su corazón, sus deseos, no comprendía sus propias emociones. Así que de las mías mejor ni hablamos...

—¿Habéis seguido en contacto después del divorcio?

—Me enteré de que había acabado con alzhéimer. El colmo para él, que se veía con la cabeza bien amueblada...

—Pobre...

—Se olvidó muy pronto de que lo padecía...

Margie bebió un sorbo de té.

—Mi tercer marido era, de nuevo, muy diferente a los anteriores. Buscaba la felicidad en su estatus. La mayor de las ilusiones, sin duda... Al principio, yo admiraba al personaje, que imponía. Pero luego, un día, me di cuenta de que perseguía todo aquello que podía mejorar su imagen y concederle importancia. Desde los títulos a los trajes elegantes, pasando por la marca de su coche, el aspecto de nuestra casa o las agudezas que introducía en las conversaciones. Incluso sus relaciones eran cuidadosamente elegidas para aumentar su prestigio. Nada salía de su corazón, todo estaba dictado por su necesidad de reconocimiento. Creo que acabó impresionándose incluso a sí mismo y ni aun así era feliz: siempre le hacía falta más, como si nunca estuviera a la altura de la imagen que codiciaba. Sin duda necesitaba reafirmarse, compensar una falta de autoestima hábilmente escondida... Cuando quise cambiar de profesión para convertirme en bióloga, hizo todo lo posible para impedírmelo: estar casado con una arqueóloga daba caché. Las biólogas eran más del montón.

Jonathan no pudo evitar reírse.

—Murió atropellado por un coche —dijo Margie con gran desapego.

—¡Qué horrible!

—¡Nada de eso! ¡Al contrario!

—¿Cómo puedes decir algo así?

—Fue un Rolls-Royce, al salir de una noche de borrachera en un castillo. ¡Una muerte ideal para él! Imagínate si lo hubiese tirado al suelo una moto en las afueras...

—Margie...

—Seguimos su testamento al pie de la letra: unos funerales grandiosos, con toda la flor y nata local, una orquesta y coros para el *Réquiem* de Mozart y una tumba más imponente que la de Ronald Reagan. Todo el mundo quedó impresionado. Yo, no demasiado. Al lado de Tutankamón era cosa de poca monta, ya me entiendes...

10

El hombre cogió aire y miró alternativamente la pelota de golf y el recorrido en dos o tres ocasiones. Hizo un breve movimiento de hombros, como si los encogiera, seguido de un ligero gesto hacia atrás. Michael contuvo la risa. Cada vez que John Dale se disponía a golpear la pelota, sufría el mismo tic nervioso. Más ridículo imposible.

Un ruido seco y la bola echó a volar muy alto, describiendo una gran curva antes de volver a caer y detenerse rápidamente en el suelo.

—No está nada mal —dijo Michael con una sonrisa aduladora—. Bonito globo.

Ambos volvieron a ponerse en camino. La neblina matinal se había esfumado bajo un sol radiante que bañaba el Golden Gate Park Golf Course con una luz intensa. Olía a césped recién cortado. A lo lejos, el océano parecía un poco agitado. Mar adentro, se formaba espuma sobre las olas.

—Entonces, ¿en qué punto se halla el asunto de sus socios?

—La cosa avanza —respondió Michael—. Confío en que todo vaya bien.

—Lleva tres meses diciéndome eso, pero no ocurre gran cosa...

—Ya le avisé de que sería lento. Esa empresa es como su bebé. Uno no se deshace así como así del fruto de su vientre.

—Con lo que pongo encima de la mesa, podrían hacer tantos bebés como quisieran.

—Eso ya no se lleva mucho...

John Dale se detuvo y miró a Michael.

—¿Y si hablase con ellos yo mismo?

—¡Ni se le ocurra! Yo sé cómo tratarlos. Me codeo con ellos desde hace cinco años...

—Entonces, ¿por qué va tan despacio? Con lo que ofrezco, deberían dejarse convencer fácilmente, me parece a mí.

—Cuando hay sentimientos de por medio, el dinero no lo puede todo. No se la venderán nunca a alguien de fuera. Es necesario que pase por mí. Yo les insisto y les insisto, pero lleva su tiempo. El que algo quiere algo le cuesta.

John Dale esbozó una mueca de duda.

—Confíe en mí —añadió Michael—. Va por buen camino.

Siguieron andando en dirección al *green*. A lo lejos, en el océano, varios veleros navegaban, a pesar del oleaje, para aprovechar el viento. Se los intuía zarandeados por las olas.

Michael respiró profundamente. No podría seguir dándole largas así a John durante mucho más tiempo, lo tenía claro. Por querer ganar a todos los niveles, se arriesgaba a perderlo todo. Pero... de todos modos, no iba a conformarse sólo con la plusvalía de su parte y dejar que sus socios cobrasen lo mismo cuando no habían hecho nada, ni siquiera participar en la negociación. Mejor, por otra parte. Tenían tan poca ambición que habrían sido capaces de vender a cuatro o cinco dólares la participación cuando John estaba dispuesto a dar dos mil por ellas.

«... en esta gigantesca central lechera, Dan, vemos a cientos de vacas alineadas una al lado de otra. Tienen tan poco espacio que no pueden darse la vuelta. Nos preguntamos si podrán echarse para dormir. Y lo más impactante, ya ven, es que muestran en sus cuerpos las consecuencias del encierro. Apenas puede creerse, pero, figúrense, les han crecido mucho las pezuñas, ya que no las utilizan nunca. Parecen uñas gigantescas que giran en espiral sobre sí mismas. Resulta bastante monstruoso, por así decirlo, y, ya ves, Dan, al mirarlas no se puede evitar pensar que, una vez que sus vidas como productoras de leche acaben, respirarán aliviadas al ir al matadero para acabar en nuestros platos.

»—Gracias, Tiffany. Nuestra enviada especial a una granja cerca de Denver, Colorado. Más sobre medioambiente: conectamos con Jeremy Stenson, en directo desde Doha, Catar. Jeremy, los representantes de ciento ochenta países se han reunido para debatir acerca del calentamiento global. ¿Han adoptado finalmente una resolución común?

»—Buenos días, Dan. El portavoz acaba de abandonar la rueda de prensa en este instante. Aquí, en Doha, los delegados de cada país han tomado nota de los informes de los expertos. Casi la totalidad de los científicos coinciden en conclusiones similares: en el mejor de los casos, se calcula un calentamiento de cuatro grados centígrados como mínimo de aquí a final de siglo. Bueno, cuatro grados, Dan, pueden parecernos poco a los ciudadanos de a pie como nosotros, que disfrutamos del buen tiempo, pero, como han recordado los científicos de la delegación francesa, en el pasado ya se conoció una época en que la temperatura del planeta era cuatro grados inferior a la actual. Pues bien, como puedes imaginarte, Dan, se trató de la era glacial... Sí, me has oído bien, cuatro grados centígrados, a escala planetaria, es, de hecho, una cantidad enorme, y esos mismos expertos han vaticinado que, a final de siglo, esos cuatro grados adicionales provocarán el deshielo total de los glaciares de los Alpes, en Europa, lo que significa que ya no quedará ni una sola gota de agua en el valle del Ródano, un gran valle francés, y la Provenza se convertirá en un desierto. Es una imagen que ha impresionado a los asistentes, pero aun así el congreso que termina hoy ha concluido sin ninguna decisión. Los jefes de Estado no han acordado más que reunirse de nuevo dentro de dos años en París para discutir posibles medidas y...»

Jonathan apagó la radio y volvió a sentarse en el sillón de mimbre situado delante de la ventana abierta de su habitación, en el primer piso de la casa. Miró hacia el océano e inspiró profundamente. «Busca en tu interior», le había dicho Margie. Suspiró. No es fácil encontrar la felicidad dentro de uno mismo cuando el mundo va tan mal. Es complicado abstraerse de lo que no funciona.

Trató de apartar aquellas malas noticias de su mente. ¿Por qué la sociedad evolucionaba tan mal? Sintió una mezcla de ira e impotencia. Debería haber escuchado las noticias hasta el final. Quizá el periodista informase de alguna recogida de firmas en línea o una posible manifestación. Lo buscaría en internet.

«Busca en tu interior.» Cerró los ojos unos instantes, tratando de vaciar su mente. Cuando volvió a abrirlos, vio la luna, muy pálida, en el cielo azul de la mañana. La luna... Angela... sus largas noches de verano en el jardín antes de que naciera Chloé. Se pasaban horas hablando bajo las estrellas, arreglando el mundo. Angela... Le costaba confesárselo, pero la echaba de menos. A pesar del rencor que le guardaba por la separación injusta basada en reproches inmerecidos. ¿Qué iba a hacer él si se le había presentado en casa una canguro ninfómana? Pero Angela no había querido escucharlo. Intransigente, fiel a sí misma. Como antes, cuando le echaba en cara que trabajaba demasiado, que no estaba lo bastante con la familia. «No te importo», se atrevía a decirle. Sin darse cuenta de que lo hacía todo por ella. Por ella y por Chloé.

Se levantó y buscó la cartera en el bolsillo de la chaqueta. Hacía años que no veía la foto. Sin embargo, sabía que estaba allí, escondida en alguna parte. Acabó encontrándola, irónicamente escondida entre los papeles de su seguro. La cogió entre los dedos y se le encogió el corazón. En aquella época, a Angela sólo le hacía fotos en blanco y negro. Más auténtico. Más conmovedor. En aquélla llevaba un sujetador de encaje blanco y la cámara había atrapado una expresión adorable, una sonrisa rebatida por un enfado alegre al protestar porque se negaba a ser fotografiada mientras se vestía. Con el ceño fruncido y los ojos risueños, estaba absolutamente irresistible.

De repente, llamaron a la puerta y Tita Margie entró con una bandejita en las manos. Jonathan escondió furtivamente la foto en la manga.

—¡Y café a domicilio!

—Margie, eres un amor.

En la bandeja había una bonita cafetera de porcelana, dos tazas y un frasco de whisky. Evidentemente, ella también estaba invitada. Se acercó para depositar su carga sobre la mesita colocada junto a la ventana, pero un tropiezo hizo que estuviera a punto de tirarla. Jonathan tendió la mano bruscamente para que recobrase el equilibrio. La foto se le escapó de la manga y cayó al suelo. La recogió a toda prisa y estaba a punto de ponerse a hablar de otra cosa cuando su tía comenzó a hablar con mucha dulzura.

—Todavía no has pasado página, ¿verdad?

Él no respondió.

La mujer sirvió el café en las tazas y deslizó una en dirección a su sobrino.

—Toma, cariño.

Jonathan cogió el recipiente humeante. El café emanó su perfume reconfortante.

—¿Y si le confiesas lo que sientes? —preguntó la Tita en tono íntimo.

Jonathan se tensó levemente y permaneció callado un instante antes de romper el silencio.

—Es una pérdida de tiempo. Ya hemos hablado mucho. Lo hice todo para probarle que sus reproches eran injustos. Fue inútil.

—No te sugiero que se lo expliques, sólo decirle lo que sientes.

—Es lo mismo, ¿no?

Margie suspiró.

—Mi pobre Jonathan, a pesar de los años de vida en común, no conoces a las mujeres...

El joven la miró estupefacto.

—A una mujer no le interesan nada tus explicaciones racionales para aclarar una situación. Explicar, siempre explicar... Como si hiciera falta tener razón a toda costa.

Ay... Los hombres no entienden nada... Lo que ella quiere es sentir que la amas...

—Pero no tiene lógica, si...

—¡En una pareja no importa un pimiento la lógica! Se trata de sentimientos, ¡no de matemáticas!

Jonathan se quedó mudo un buen rato. No, no se veía hablando con Angela y abordando otra vez el tema. Era completamente capaz de mandarlo a paseo. No tenía ganas de hacer el ridículo. Ni por asomo. Rápido, cambiemos de tema.

—He estado escuchando un reportaje indignante en la radio. Sobre la cría de ganado en batería. Un auténtico escándalo.

—Ah...

Se sentó y se reclinó en el sillón.

—Es difícil encontrar la paz interior cuando se vive en un mundo egoísta y violento contra el que hay que luchar constantemente.

Margie se sentó en el reborde de la ventana, dirigió la mirada hacia su sobrino y luego la desvió hacia fuera, a lo lejos.

—Es verdad —acabó diciendo—. A mí también me pone triste esa clase de noticias.

La luz brumosa de la mañana suavizaba su rostro con una palidez semejante a la de los tonos descoloridos de su vestido. Sus hermosas arrugas parecían replicar la pintura sutilmente agrietada de la ventana.

—Pero —añadió— indignarse contra cosas que no están bajo nuestro control, ¿no es una receta para la depresión?

El comentario hirió a Jonathan como si un espejo le presentase una realidad perturbadora.

Miró a su tía en silencio. Era verdad que se sentía absolutamente impotente frente a esa clase de situaciones, y, en el fondo, aquello lo minaba.

—Es necesario que alguien se levante contra las derivas de la sociedad. No podemos quedarnos de brazos cruzados lamentando lo que pasa y continuar con nuestra buena vida como si no ocurriese nada.

Margie le dedicó una mirada llena de empatía.

—En los años treinta, un teólogo protestante popularizó una oración que viene muy al caso. Algunos dicen que se inspiró en Marco Aurelio. Otros afirman que procede de Francisco de Asís, pero eso da igual.

—¿Y qué dice?

—«Dame valor para cambiar lo que puede ser cambiado, para aceptar con serenidad las cosas que no pueden cambiarse y sabiduría para distinguir unas de otras.»

Jonathan la observó con atención durante unos segundos.

—Bueno, pues yo no puedo quedarme sin hacer nada. En la vida hay que ver que las cosas evolucionan, no que retroceden.

—Eso lo entiendo, claro, pero ¿qué quieres hacer? Aun es más, ¿qué haces?

Jonathan volvió a levantar la mirada hacia ella.

—Lucho contra todo eso. Lo denuncio en cuanto puedo. Peleo por...

Se quedó en silencio un instante, luego se dejó caer de nuevo contra el respaldo del sillón antes de añadir:

—Y, a veces, en el fondo me pregunto de qué sirve...

—Probablemente de nada.

—Gracias, me estás subiendo la moral.

Margie cogió aire.

—Al luchar, a menudo reforzamos aquello contra lo que luchamos.

Jonathan frunció el ceño.

—Encontrarás contraejemplos —le dijo ella—, pero, sin embargo, es verdad en casi todos los ámbitos.

—Lo cierto es que no veo por qué.

Margie volvió a servir café, todavía tan humeante, todavía tan aromático como antes.

—Hay una razón profunda para ello, pero preferiría lograr que la descubrieras mediante un experimento...

—¿Un experimento?

—Tendría que organizarlo en mi fundación.

—Creía que estabas jubilada desde hacía diez años.

Margie esbozó una sonrisa a modo de respuesta.

—Entretanto —dijo—, puedo ponerte algunos ejemplos, si quieres. En el plano de las relaciones, por ejemplo. Imagina: alguien expresa una idea que te parece totalmente falsa, incluso chocante.

—Vale.

—Si te opones a él y atacas su idea, ¿qué pasa? Vas a ofenderlo, y por tanto lo obligas a defender su punto de vista para evitar quedar como un idiota. Eso cristalizará su postura y ya no podrá cambiar de opinión. Al luchar contra su idea, la has reforzado...

—Visto así...

—En el siglo XVIII, en Francia, la monarquía del Antiguo Régimen luchó mediante la censura contra los filósofos de la Ilustración, y aquello no hizo más que reforzar el movimiento, que acabó por desembocar en la revolución de 1789.

Jonathan asintió con la cabeza.

—En Rusia, en los albores del siglo xx —continuó Margie—, la policía del zar perseguía a todos los contestatarios, ya fueran socialistas o liberales. Aquello no hizo sino alimentar la exasperación, lo que acabó por resultarles útil a los comunistas en 1917.

—No lo sabía.

—Tengo un ejemplo todavía más concluyente —dijo al tiempo que se levantaba—. Pero no te muevas, debo ir a buscar las cifras.

—Déjalo, no hace falta...

—Sí, sí.

Se marchó de la habitación y volvió unos minutos más tarde con un papel en la mano.

—Supongo que te acuerdas de que, en 2002, la administración estadounidense montó lo que llamó la «guerra contra el terrorismo». Aquel año, el Departamento de Estado norteamericano contó 198 actos terroristas en el mundo, que mataron a 725 personas. Después de diez años de lucha sin cuartel y a gran escala, que supusieron medios considerables, la administración de Estados Unidos reveló las cifras del año 2012: 6.771 actos terroristas que dejaron más de 11.000 muertos.

—Qué tranquilizador...

—Eso es también verdad en el plano de la salud, ¿sabes? Ya volveremos a hablar de ello otro día. ¡Hoy no voy a darte una clase de biología!

—Todo eso es muy bonito, pero no podemos aceptarlo por completo. El modelo individualista y consumista que hace infeliz a todo el mundo ha logrado extenderse por casi la totalidad del planeta, incluso por rincones del mundo de cultura muy diferente. Es hegemónico. Me indigna.

—Precisamente por ser hegemónico, ese modelo se hundirá por sí mismo. De nuevo, la Historia contribuye a demostrárnoslo con el paso de los siglos. Napoleón consiguió conquistar la mitad de Europa, ¿verdad? Pues bien, cuando dejó el poder, el territorio francés era más pequeño que a su llegada... Fíjate también en el Imperio romano, el Sacro Imperio, el Imperio otomano, los imperios coloniales, la Unión Soviética... Todos aquellos que tuvieron la vocación de imponerse se desintegraron.

Jonathan no estaba completamente convencido, pese a que las palabras de Margie estaban encaminadas a tranquilizarlo. Miró por la ventana de la habitación. Poco a poco, la bruma empezaba a disiparse. Cogió la taza, muy caliente, entre las manos y bebió un sorbo. Un sabor fuerte y reconfortante. Al extenderse por su cuerpo, el calor atenuó su enfado. La voz suave de Margie lo devolvió a la realidad.

—Créeme, luchar es inútil y, como decía Lao Tsé hace dos mil quinientos años: «Más vale encender una vela pequeña que maldecir las tinieblas».

—Encender una vela pequeña —repitió Jonathan con tono dubitativo y dejando que su mirada se perdiera por la ventana.

La luna había desaparecido, borrada por la luminosidad de un cielo abandonado por la bruma, que se había esfumado.

Margie continuó en un tono muy calmado, casi inocente:

—Aquello que se odia en los demás es a veces aquello que no aceptamos en nosotros.

Jonathan acusó el golpe. A pesar de poseer un carácter muy benevolente, Margie no se andaba con paños calientes con él. Jonathan estaba dispuesto a cuestionarse, pero, con respecto a aquello, francamente, no veía en qué era él responsable de las miserias de la sociedad. Bueno, en efecto, quizá no fuera totalmente legal en su trabajo, pero ¿quién lo era? Nadie es perfecto. Consideraba que no tenía gran cosa que reprocharse. Si todo el mundo fuera tan deshonesto como él, la Tierra resultaría un paraíso.

Margie se inclinó hacia él y, con los ojos brillantes, casi alegres, dejó caer en tono confidencial:

—Busca lo divino que hay en ti antes que el diablo en los demás.

Jonathan la miró fijamente unos instantes, un tanto ofendido.

—¿Lo divino que hay en mí? Yo creía que, en lo más profundo de nosotros, se encontraba el pecado...

—Ésa es tal vez la peor de todas las interpretaciones que hayamos podido hacer. Cuando pienso en los estragos que ha ocasionado en las almas... Todavía hoy sufrimos las consecuencias...

—Adán y Eva, sin embargo, bien que desobedecieron —repuso Jonathan dedicándole una sonrisa irónica.

Margie se la devolvió.

—¿Quieres que te dé mi parecer? Si Dios existe, ¡fue él quien quiso que Eva mordiese la manzana!

—La Biblia dice que se lo había prohibido...

—Sí, ¡para incitarla a hacerlo! Al rebelarse, Eva consumó el primer acto de libertad del mundo. ¡No es el pecado original, sino la libertad original!

—A lo mejor te estás pasando un poco...

Margie se hizo la ofendida.

—¿Cómo puede un creyente imaginarse por un solo momento que Dios no haya sido capaz de crear un ser perfecto que siga su voluntad en todo momento? Si hubiese querido que Eva obedeciese, habría obedecido. No, créeme: ¡Dios quiso que el hombre fuese libre!

Entonces, cogió la botella de whisky y echó unas gotas en su taza de café. Jonathan la miró. Ciertamente su tía era todo un personaje. Envidiaba su optimismo a prueba de bomba.

—Bueno, así que tengo lo divino dentro de mí... Y ¿qué hago para... encontrarlo?

Ella le dedicó su mejor sonrisa.

—Adivina.

—Dilo...

—Ya te he respondido a esa pregunta.

—Ya... Vas a volver a decirme «Busca en tu interior», ¿verdad?

—Aprendes rápido.

—Eso no me explica cómo se hace. Y, por otra parte, ¿qué es lo divino que hay en mí?

Margie le dirigió una mirada luminosa, llena de bondad.

—Encontrar lo divino es acceder a un nivel de conciencia superior.

—Madre mía... Reconocerás que eso no es muy concreto.

—Algún día te parecerá muy claro.

—Ummm...

—Y ese día quizá esté más cerca de lo que crees.

—Y... eso de acceder a un nivel de conciencia superior, como tú lo llamas, ¿qué me aportará?

—¿Te acuerdas de cuando ayer hablamos del pecado? Dijimos que algunas cosas, después de una breve satisfacción, nos hacen sentir un gran vacío y, al final, más bien nos hunden.

—Sí.

—Pues bien, en esto, sucede un poco lo contrario: cuando hemos superado la simple búsqueda de placeres, cuando nuestros actos y palabras están inspirados por nuestra conciencia y no sólo dictados por el deseo de obtener un beneficio personal, nos sentimos atraídos por algo... más grande que nosotros. Eso también sucede cuando hallamos nuestra misión, aquello con lo que nos realizamos, aunque sea fuera del trabajo. Entonces descubrimos que supera con creces todo lo que la efímera satisfacción de nuestros deseos puede aportarnos.

—Nuestra misión... Te estás poniendo mística.

Su tía sonrió.

—En efecto, tiendo a pensar que cada uno de nosotros tiene un destino, y que es una pena dejarlo pasar.

Jonathan se echó a reír.

—De verdad crees que hay siete mil millones de demiurgos en la Tierra...

—Yo no he dicho que se tratase necesariamente de una misión grandiosa. Puede tratarse de algo más humilde, pero a veces son las cosas en apariencia anodinas las que realmente importan en este mundo, ¿sabes? Solemos pensar que son los grandes líderes quienes han forjado el curso de la Historia. Pues eso no es verdad en absoluto. Cada uno influye en su entorno con sus actos, sus palabras, su estado de ánimo y sus emociones, y luego eso se propaga como ondas en la superficie del agua. Necesariamente. Nada es neutro. Al final, cada uno de nosotros tiene un impacto en el mundo. Y, cuando encontramos nuestra misión, tenemos un papel que desempeñar, un papel útil para la humanidad, para los seres vivos, para el universo.

—Un papel que desempeñar...

—Ésa es la razón por la que cada uno de nosotros tiene unas dotes que le son propias, aunque, en la mayor parte de los casos, esas dotes permanecen ocultas en el interior de la gente, a la espera únicamente de aflorar y ser cultivadas. Por otra parte, descubrir nuestras dotes es también un medio de comprender nuestra misión.

Jonathan torció el gesto.

—En mi caso, deben encontrarse bien escondidas, entonces.

Volvió a servir café.

—La mayoría de las personas se sienten obligadas a hacer lo que han hecho siempre, incluso cuando eso no las hace sentir realizadas. Y se prohíben escuchar sus anhelos profundos, convencidas de que no las llevarían a ninguna parte, cuando, de hecho, sucede exactamente lo contrario. Nuestros anhelos profundos, y no nuestros deseos superficiales inducidos por la sociedad, son pistas que debemos seguir para avanzar por el camino de nuestra misión.

—¿Pistas?

—Sí. Es nuestra alma la que nos da indicaciones mediante nuestros anhelos para atraernos hacia nuestro camino. Una llamada silenciosa del destino...

Bebió unos sorbos antes de retomar la palabra:

—Nuestro camino aparece cuando nuestras ilusiones, que nos desvían de nuestra dirección, se desvanecen y nuestra conciencia despierta. Y, ¿sabes?, lo que resulta inquietante en esta vida es que todo lo que nos sucede, tanto lo positivo como lo negativo, tanto las alegrías como los dramas, tiene secretamente una única finalidad: despertar nuestra conciencia, pues sólo en ese momento nos volvemos nosotros mismos de manera plena.

Jonathan respiró hondo. Por la ventana entreabierta, el aire de alta mar llegaba hasta él cargándose a su paso del aroma de los árboles, de los matorrales y de las flores del jardín.

—Me parece difícil descubrir mis anhelos profundos, como tú los llamas... He pasado ya mucho tiempo, desde nuestra última conversación, reflexionando acerca de aquello que podía superar mis deseos. Le he dado muchas vueltas. Sin resultado.

Margie le sonrió con benevolencia.

—Escucha a tu corazón, no a tu cabeza.

Jonathan se echó a reír.

—Escucha a tu corazón... Resulta extraño oír esa expresión popular desprovista de sentido en boca de una bióloga.

—Lo sé, los intelectuales se burlan de las expresiones populares. Bueno, ¡pues no tienen razón! A menudo el pueblo es más sabio que sus élites, que se creen superiores a todo el mundo.

—Puede ser, pero ahora, en este caso... reconocerás que «escucha a tu corazón» no quiere decir mucho.

—Desengáñate: es el corazón quien decide. En nuestra sociedad tenemos tan interiorizado que todo pasa en la cabeza que nos hemos amputado del resto del cuerpo. No valoramos más que el cerebro, y todo porque en él tenemos neuronas. ¡Es ridículo! Sobre todo, porque también tenemos neuronas en el corazón, y nadie habla de ello. Y en el intestino, dicho sea de paso...

—¿Estás de broma?

—Alrededor de cuarenta mil neuronas en el corazón y quinientos millones en el intestino. Cada uno de ambos órganos dispone de un sistema nervioso independiente y bien desarrollado.

—¡Anda!

—Las buenas decisiones vienen del corazón o de las tripas. No de la cabeza. En el Egipto antiguo ya lo entendían así, por cierto.

—Ah... La arqueóloga no anda nunca muy lejos de la bióloga...

—Antes de momificar a un faraón, los egipcios extraían de su cuerpo todas las vísceras. Pero no conservaban más que aquellas que tenían importancia, y las preservaban cuidadosamente en suntuosas vasijas destinadas a ser enterradas con la momia. Lo hacían con el corazón y los intestinos, sobre todo.

Hizo una corta pausa antes de añadir:

—El cerebro lo tiraban a la basura.

11

Ryan enfocó la silueta de Gary. Sentado en su vieja silla de plástico, de un blanco amarilleado por el sol, fruncía el ceño mientras abría el correo. Los niños corrían detrás de una pelota cerca de él.

Ryan esperó paciente. El encogimiento de hombros tardaba en llegar. De repente, Gary se echó ligeramente hacia atrás y acompañó el movimiento con un ligero entrecerrar de ojos mientras se miraba la mano. Ryan hizo zum sobre ella. Unas gotas de sangre salpicaban la punta del dedo de Gary.

El muy idiota. Cortarse abriendo el correo.

—¡Parad ya con vuestras gilipolleces! —les chilló Gary a sus hijos.

Ryan amplió rápidamente el campo de visión. Mierda, se le habían escapado los críos, que acababan de lanzar la pelota hacia las flores.

—Pero ¡¿sois tontos o qué?! —gritó el hombre, rojo de ira—. Me paso el día repitiéndoos que tengáis cuidado con las flores. ¡Cabezas de chorlito!

Los críos se quedaron paralizados un instante, manifiestamente desconcertados. Luego recogieron la pelota y volvieron a entrar en la casa.

El padre meneó la cabeza, desdobló la carta abierta y se puso a chuparse el dedo cortado.

Ryan hizo zum de nuevo.

Gary frunció el ceño mientras su gran cabeza se balanceaba de izquierda a derecha para seguir la lectura. Ryan, tras la cámara, no pudo evitar sonreír.

Y luego, por fin, el tan esperado encogimiento de hombros.

Ryan se echó a reír, sarcásticamente, con una risita cruel. Tenía su entrada del día asegurada.

Las drizas de los veleros tintineaban alegremente contra los mástiles a merced del viento ligero, que transportaba oleadas de aromas marinos y ondas de frescor bajo el sol de la tarde.

«Busca lo divino en ti.»

Fácil de decir... Hacía dos horas que Jonathan se había instalado en la terraza de aquel café del puerto de Monterrey y, por mucho que buscara, por mucho que se comiese la cabeza, no se le ocurría nada.

De vez en cuando, su mente divagaba sobre los transeúntes y los retazos de conversaciones que se oían a su paso. Gente como él, sin duda, aunque con una diferencia enorme: parecían despreocupados, mientras que él ya no lo estaba. «No acabarás el año.» La voz desalmada de la segunda gitana resonaba todavía en su cabeza.

Miró hacia alta mar con la esperanza de ahuyentar el pico de angustia que volvía a experimentar. No quería sumirse en la depresión, en ese estado letárgico del que no se sale más que a costa de un esfuerzo sobrehumano, como un insecto prisionero en un tarro de paredes tan lisas que cada intento de evasión se salda con un resbalón inexorable hacia el fondo.

«Busca en tu interior.»

Es difícil mirar dentro de uno mismo cuando se tiene miedo de encontrar precisamente lo que nos angustia.

La tele fijada a la pared del interior del café emitía sobrecogedoras imágenes de la selva filmadas desde un helicóptero. Jonathan apenas oía la voz del periodista.

«La selva amazónica —decía— está siendo destruida al espantoso ritmo de mil seiscientas hectáreas al día, es decir, el equivalente a mil quinientos campos de fútbol.»

La imagen dio paso a la de un viejo indio delante de la entrada del Museo de Historia Natural de San Francisco, donde, decía la periodista, en aquel momento tenía lugar una exposición apasionante sobre el Amazonas. Con el largo cabello sujeto a la espalda, el rostro del hombre mostraba una cierta serenidad, si bien marcada por la tristeza. Una especie de tranquila resignación.

Jonathan suspiró con fuerza. ¿Cómo se puede ser feliz cuando el mundo va tan mal? ¿Cómo encontrar en uno mismo fuerzas para seguir adelante cuando el mal avanza por la Tierra? La lucha es en vano, decía la Tita Margie.

La voz del anciano indio era tranquila, sosegada. A pesar de la gravedad de sus afirmaciones, no se percibía en él ninguna animosidad, ningún odio.

«Cuando hayáis derribado el último árbol —decía—, cuando hayáis pescado el último pez, os daréis cuenta de que el dinero no se come.»

12

—Estire el dedo, por favor.

—¿Perdón?

—Su índice, por favor.

Jonathan tendió la mano hacia la joven de bata blanca. Ésta le deslizó delicadamente en el índice una especie de anillo ancho y flexible, semejante al dedo de un guante de aluminio acolchado, del que salía un cable eléctrico largo y fino enchufado, a pocos metros de allí, al ordenador que había encima de una mesa. En la pared de detrás de ella, había una pantalla gigante.

—Ya está conectado.

Su voz era dulce y sonriente, pero aun así transmitía cierta reserva muy profesional.

Se situó detrás del escritorio y comenzó a escribir en el teclado.

Jonathan le echó una ojeada a las tres personas sentadas a su lado en las sillas, colocadas en semicírculo. Una mujer de treinta o treinta y cinco años, morena y con el pelo cortado por la barbilla, que parecía esmerarse por evitar la mirada de los demás; otra mujer de unos sesenta años, muy sonriente y de tez luminosa, con el cabello rubio, voluminoso y con olor a laca, que los había saludado efusivamente a cada uno de ellos al llegar; y, por fin, un joven con pinta de estudiante, sin afeitar y desgreñado, cuya mirada se perdía cada poco tiempo en el escote de la científica. Lo cierto era que la bata blanca cruzada permitía ver el nacimiento de un bonito par de pechos.

La habitación, más bien amplia, de paredes blancas y decoración impersonal, estaba, a pesar de todo, bañada por una luz suave, bastante cálida. La fundación tenía su sede en el interior de Monterrey. Era un edificio muy sobrio, perdido en una zona poco habitada, en medio del bosque.

—La gráfica que están viendo en la pantalla representa la medida de la conductividad de su piel, con sus fluctuaciones en tiempo real.

La línea en cuestión no era completamente horizontal, oscilaba de manera lenta y bastante débil, pero irregular. Quedaba lejos de la sinusoide perfecta de un electrocardiograma.

—La conductividad cambia en función de la humedad de su piel, es decir, de su sudor. Su sistema nervioso simpático controla las glándulas de la sudoración, al igual que las de la tensión arterial o incluso las del ritmo cardiaco.

—De acuerdo.

—Su estado de ánimo, sus emociones, su estrés tienen un impacto en esos elementos fisiológicos que, por tanto, pueden cambiar de un momento a otro.

—Entiendo.

La joven técnico enchufó el índice de los demás participantes.

La pantalla gigante mostró entonces cuatro gráficas de colores diferentes que evolucionaban cada una de manera independiente de las demás. La de Jonathan era azul. La de la joven morena, de un amarillo intenso, era la más plana de las cuatro. La línea verde del chico oscilaba de manera moderada. La línea roja de la sexagenaria ofrecía fluctuaciones un poco erráticas y claramente más acentuadas que las de los demás, a las que cortaba de forma regular.

—Como pueden constatar —dijo la científica—, todos somos diferentes, tenemos unas reacciones fisiológicas distintas y respondemos de formas variadas ante la misma situación.

Dio unos pasos hacia atrás.

—Ahora voy a pedirles que piensen en distintas cosas. Para empezar, recuerden la última vez que hayan experimentado un gran estrés...

La línea roja despegó de manera casi instantánea.

Jonathan cerró los ojos. Le vino a la mente la imagen de la gitana. Miró la pantalla. Su línea azul se había disparado hacia arriba. La del joven apenas se había elevado, y la amarilla seguía tan plana como antes.

La técnico se acercó a los participantes y se dirigió a la joven morena.

—¿Nada muy estresante que recordar?

Ella le respondió con una sonrisita enigmática y la línea amarilla permaneció plana, sin variación.

La científica dio un paso hacia el joven.

—¿La vida de estudiante no le ha proporcionado grandes sobresaltos últimamente? —le preguntó con una sonrisa de diversión en los labios.

En aquel momento se le cayó el bolígrafo al suelo. Se inclinó hacia delante para recogerlo y el movimiento le destapó un poco más los pechos.

La línea verde subió como la espuma al mismo tiempo que la tez del joven adquiría un color púrpura. Una máquina sensible. Jonathan contuvo una sonrisa. ¿La caída del boli había sido premeditada? La mujer morena miró el reloj. Jonathan se preguntó qué remuneración recibían las cobayas por aquella clase de experimento.

—Ahora vamos a hacer un ejercicio de relajación —comentó la técnico—. Pónganse cómodos.

Los participantes reajustaron sus posturas.

—Les invito a respirar hondo, con tranquilidad... Eso es... Continúen, cada vez más lentamente... Sí... Así... Y, con cada expiración, dejen que su cuerpo se relaje un poco más, y más...

Jonathan desvió la mirada hacia la pantalla. La mayor parte de las líneas fueron modificándose despacio, la roja más que las demás, la amarilla claramente menos. La suya y la del estudiante se cruzaron y luego se cortaron en el otro sentido.

La voz de la científica los guio así por diferentes estados: relajados o tensos, positivos o estresantes, y cada curva parecía vivir su vida sin preocuparse por las demás.

Luego la joven los invitó a mirarse a los ojos, cosa que hicieron, y sus miradas pasaron de uno a otro. Incluso la chica morena se prestó al juego, y a Jonathan le pareció menos indiferente que al comienzo.

—Mírense... con indulgencia —dijo la técnico con su voz suave y positiva— y traten de sentir lo que les une a los otros...

El experimento les provocó una sonrisa, un poco apurada al principio, luego más natural. No es habitual mirar «de verdad» a alguien. Por lo general, Jonathan no miraba a la gente a los ojos, y, si lo hacía, era rápidamente; a fin de cuentas, los miraba sin verlos, paseando la mirada por el espacio mientras pensaba en otra cosa o centrándose en la conversación. En aquel momento, estaba mirando a aquellas personas a los ojos sin más intención que verlas, y fue como descubrir una parte de su intimidad, entrever su vida, percibir su identidad. Sí, así era, tenía la perturbadora sensación de ver quiénes eran. Ya no se trataba de desconocidos como los que nos cruzamos a docenas todos los días, en el trabajo o haciendo la compra, sin interesarnos por ellos.

En la pantalla, las líneas se habían aproximado las unas a las otras, como si convergiesen. Resultaba casi increíble. ¿Cómo era posible? ¿Cómo un simple contacto visual entre dos personas podía causar que sus reacciones fisiológicas coincidiesen? Jonathan no daba crédito. En aquel instante, su línea azul cayó en picado revelando su estupor. Sonrió y decidió volver al juego, concentrándose de nuevo en las personas que tenía a su alrededor, compartiendo con ellas aquel instante de fusión.

Una especie de comunión.

Al cabo de un largo momento, miró otra vez de reojo hacia la pantalla. Las líneas habían acabado por encontrarse y ya no formaban sino una sola.

13

—Austin Fisher, has ganado con gran ventaja la segunda ronda del torneo de Flushing Meadows. ¿En qué estado de ánimo te encuentras hoy, poco antes del próximo encuentro?

El tenista sonrió. Los periodistas siempre querían saber lo que se le pasaba por la cabeza.

—No estamos más que al comienzo, no hay nada decidido, tengo que seguir concentrado.

—Ya sabemos que esta superficie no es la más favorable para ti. Pero, si ganases este torneo, entrarías en los anales con el mayor número de victorias de Grand Slam. ¿Eso hace que te sientas presionado?

—Mantengo la cabeza fría. Un torneo se gana partido a partido.

La periodista pareció decepcionada por la respuesta. Evidentemente. Quería que se tumbara en el diván y se explayase en confidencias íntimas.

—¿Cómo te explicas la diferencia entre tu éxito avasallador y tu imagen de jugador, digamos... poco querido?

«Poco querido.» Le estaba haciendo pagar su discreción. Trató de conservar la sonrisa intacta.

—No me dedico a pensar en esa clase de cosas. Me dedico al tenis, y eso ya me quita bastante tiempo...

—Algunos dicen que eres un poco frío, un poco distante con los demás. ¿Crees que hay algún tipo de progresión en tu relación con tus fans?

Austin se esforzó por mantener la sonrisa.

«Distante... Si supieses lo que he tenido que aguantar, la de cotilleos que todavía tengo que soportar. Porque uno no vaya exhibiendo sus sufrimientos, no significa que no sienta nada.»

—No le presto atención a los rumores. Trabajo, trabajo mucho, y sigo concentrado en mi objetivo.

Echó una ojeada hacia su izquierda, a Warren, su entrenador, que estaba sentado un poco más lejos. Éste cerró los ojos y luego los volvió a abrir, en señal de asentimiento.

Austin volvió al vestuario, seguido por Warren y dos o tres fotógrafos.

Cada vez que recibía aquella clase de pullas, cada vez que le recordaban el desapego del público, renacía en él un sentimiento confuso pero muy concreto, un sentimiento familiar que apareció en su infancia cuando veía una pizca de desprecio en el rostro de su padre. Era como si unos hilos invisibles lo ligasen a aquel pasado doloroso que se esforzaba por rechazar, pero que se reactivaban en función de comentarios perversos. El pasado se inmiscuía en el presente sin invitación.

Se negó a posar ante las cámaras. Las puertas del vestuario volvieron a cerrarse tras él.

En aquel momento, sintió aumentar dentro de sí aquella energía desbordante, la rabia, la necesidad imperiosa de lucha y de victoria.

—¿Cuándo empezamos? —preguntó.

—Dentro de cuatro minutos —respondió Warren.

—Perfecto —dijo Austin.

Iba a pelear hasta el final y a ganar aquel torneo. Una vez en posesión del récord, lo verían de manera diferente. Por fuerza.

Big Sur.

Las colinas verdeantes. El canto del viento en los matorrales. Las altas secuoyas de troncos rojos y espinas oscuras. El aroma de las plantas resinosas. Las breves vistas al océano...

Jonathan llevaba más de una hora caminando. Al salir del centro de investigación, había sentido la llamada de la naturaleza. No podía volver a su casa como si no hubiese pasado nada. Necesitaba caminar solo, recuperar la sangre fría.

Cuando caminamos, el tiempo pasa más despacio. La cultura de la inmediatez y la hiperreactividad en la que estamos inmersos nos conduce a no estar ya presentes en absoluto. Al caminar, volvemos a sumirnos en el tiempo de la naturaleza, del universo, del cosmos. El tiempo de la vida. Volvemos a conectarnos con nosotros mismos.

En aquel bonito declinar de la tarde, el aire era suave y Jonathan se sentía bien, ligero. Volvía a experimentar aquel sentimiento de gratitud que lo había llenado durante sus caminatas anteriores. Gratitud hacia la vida, la belleza del mundo, el aroma del viento y la bellísima luz del sol cuando se va inclinando lentamente, esbozando una reverencia.

Sus antiguas preocupaciones le parecían lejanas, al igual que sus antiguos deseos insatisfechos, su impresión de carecer de algo, sus frustraciones. Lo único que contaba hoy era la sensación de estar vivo. Durante cuánto tiempo, lo ignoraba, pero todavía vivía, y sentía por ello una gratitud infinita.

Apareció un cóndor en el cielo y Jonathan siguió con la mirada su vuelo silencioso durante mucho tiempo, hasta que se desvaneció detrás de las colinas.

«Todos los seres humanos están relacionados.»

Le daba vueltas en la cabeza a aquella revelación una y otra vez. Todos somos diferentes, había dicho la técnico, pero, a pesar de ello, algo nos une. Un vínculo invisible pero muy presente que se manifiesta sólo cuando lo buscamos, cuando lo requerimos, cuando lo activamos...

Después del experimento, Jonathan se había quedado para conversar con ella. Las mujeres, le había confiado la joven, pueden experimentar otra forma de manifestación fisiológica que expresa esa relación que nos vincula. Cuando viven juntas en una comunidad, por ejemplo, todas las mujeres atestiguan que, al cabo de unos meses, se produce una sincronización de sus ciclos menstruales: les viene la regla exactamente en el mismo momento.

El cóndor volvió a aparecer encima de un puerto de montaña y planeó en dirección al océano.

«Todos los seres humanos están relacionados.»

Hasta aquel momento, Jonathan se veía casi solo en el mundo, resistiendo en su rincón para salir adelante. Resistir... resistir y luchar.

La experiencia que acababa de vivir lo llevaba a darse cuenta de algo increíble, esencial, que lo cuestionaba todo: su competición con Michael, sus relaciones ambivalentes con los clientes a quienes estafaba con servicios inútiles, sus relaciones conflictivas con Angela... La manera de organizar su existencia hasta entonces se había sustentado en un error, una visión falsa de la vida. La conciencia de ello resonaba en aquel instante en lo más profundo de sí: dado que todos estamos relacionados, al luchar contra los demás luchamos contra nosotros mismos.

14

Michael entró en el edificio y llamó al telefonillo luciendo su mejor sonrisa ante el objetivo de la cámara.

El pestillo eléctrico vibró con un sonido estridente. Empujó la puerta, atravesó la entrada y cogió el ascensor.

Última planta.

El timbre no emitió ningún sonido, así que dio unos golpes breves en la puerta.

Ésta se entreabrió al cabo de unos instantes y el rostro de Samantha apareció en el umbral.

—¿Cómo dices que te va? —preguntó Michael con una gran sonrisa.

La joven lo miró de arriba abajo de forma inexpresiva, echó una ojeada alrededor del visitante y luego se apartó dándole la espalda.

Michael empujó la puerta y entró en el vestíbulo. Siguió a Samantha hasta el salón, una enorme habitación bañada de luz blanca. A través de los grandes ventanales, los edificios de San Francisco parecían flotar en la niebla, una niebla dispuesta a engullirlos.

La joven se sentó en el reposabrazos del sofá y cruzó las piernas. Llevaba una falda corta y una blusa blanca. «Abotonada hasta arriba. Qué pena.»

—Requiero de tus servicios —anunció Michael.

Ella se lo quedó mirando sin decir nada.

—Una cena en el centro con uno de mis posibles clientes. Y lo que se tercie.

Lo miró a los ojos, todavía impasible.

—¿Quién es?

—Siempre quieres saberlo todo. ¿Acaso cambia algo eso?

—Quiero saber quién es.

Michael dio unos pasos a lo largo del ventanal.

—El presidente de una asociación de pequeños comerciantes. Para mí, un pez gordo.

—¿Casado?

Michael negó con la cabeza.

—O si lo está, se le ha olvidado —dijo riéndose.

Se acercó a ella por detrás y le puso las manos en los pechos.

Ella lo rechazó con un gesto seco.

—¡No he hecho nada malo! —protestó Michael.

—No soy un autoservicio.

—Podría obtener ciertos favores de vez en cuando... Al fin y al cabo soy un buen cliente...

—Precisamente por eso. Conoces la tarifa.

—Como siempre les digo a mis socios: los clientes merecen nuestro respeto.

—Los proveedores también.

—Yo soy generoso con mis clientes. Cuido de ellos...

—Allá cada cual con su política comercial.

Michael se rio con ganas.

—Y ¿cuál será el plan, exactamente? —preguntó ella con tono desafiante.

—Ya te lo he dicho: una cena y luego lo que te plazca.

—Nada de rollos chungos, ¿eh?

—Que no...

—En plan vestirme de cría para jugar a las canguros y hacer que me pille la parienta para que le dé un ataque...

Michael sonrió y le puso la mano en el hombro.

—Prometido. Ahora, enséñame esos pechos tan bonitos...

15

—¡Tienes un césped realmente magnífico!

—¿Tú crees?

Margie y Jonathan bajaban lentamente por el jardín de la propiedad en dirección al océano. El aire era todavía templado, aunque el sol estaba ya bastante alto en el cielo. Los envolvía un aroma a madreselva y a hierba recién cortada.

—Al mío lo ha invadido el trébol. Lo he intentado todo. No funciona nada. Así que lo arranco a mano y, aun así, vuelve a salir. ¿No tendrás algún truco que darme?

Margie se echó a reír.

—Qué gracioso eres.

Jonathan se paró.

—¡No voy a dejar que crezca por todos lados sin hacer nada!

Margie siguió caminando con una sonrisa.

—¿Por qué?

Jonathan la alcanzó.

—¿Por qué? Pues... es evidente, ¿no?

—No.

Su tía disfrutaba tanto burlándose de los prejuicios que estaba dispuesta a hacer el idiota nada más que por divertirse viendo a alguien poner en cuestión sus propias ideas.

—No es bonito, no es estético en un jardín. Todo el mundo lo sabe.

—¿Todo el mundo? Y tú, ¿cómo lo sabes?

—¿Que cómo lo sé? ¿Cómo sé que no es bonito? Pues... lo sé y ya está. Es mi gusto, no hay nada escrito.

Margie sonrió con malicia.

—¿Estás seguro?

Jonathan no dijo palabra. ¿Qué podía responder?

Su tía seguía caminando sin perder la sonrisa mientras miraba distraídamente el magnífico jardín.

—Eso me recuerda una historia —dijo—, una historia real que contaba Robert, uno de mis amigos de Santa Cruz. Un día se preguntó por qué su mujer cortaba siempre el extremo del pavo de Acción de Gracias antes de meterlo al horno. Le cortaba un trozo del cuarto trasero, y a Robert le parecía extraño. «Así es como se prepara», le respondió ella. «De acuerdo, pero ¿por qué?» Estaba intrigado, quería saber más sobre el tema. «Se hace así. Además, a mi madre la he visto siempre preparar el pavo de la misma forma.» El marido insistió hasta que la mujer llamó a su madre. Ésta se puso al teléfono. «Mamá, una cosa, al pavo de Acción de Gracias, ¿por qué le cortas el culo?» La madre le respondió sin titubear: «Es la receta». La hija también insistió, pero no obtuvo una respuesta satisfactoria. Su madre se defendió. «Es la manera de hacerlo, mi propia madre me lo enseñó a hacer así.» Así que la hija decidió llamar a su abuela y le hizo la misma pregunta: ¿por qué había que cortar el cuarto trasero del puñetero pavo antes de asarlo? «Así es como lo he hecho siempre», respondió la abuela. «¿Por qué?» «¡Qué remedio! ¡Mi horno era demasiado pequeño para meter todo el pavo!»

Jonathan soltó una carcajada.

—En otros tiempos —continuó Margie—, el trébol siempre formaba parte de los céspedes más bonitos. Era así en todo el mundo, ¿sabes? De hecho, cuando se compraban sacos de césped para sembrar, siempre contenían semillas de trébol. ¡Un césped sin trébol era inimaginable! Gracias a él, el césped seguía estando verde cuando el tiempo era seco. Y como el trébol absorbe el nitrógeno del aire, con el que nutre el suelo, aporta abono al césped de manera natural. ¿Qué más se le puede pedir? Luego, en los años cincuenta, las multinacionales químicas desarrollaron herbicidas para eliminar las malas hierbas que crecían en medio del césped. El problema fue que su herbicida también eliminaba el trébol que tanto gustaba a todo el mundo. De pronto, su porquería resultaba imposible de vender. Así que cogieron el toro por los cuernos, invirtieron millones de dólares en campañas de comunicación para difundir la idea de que el trébol era una mala hierba...

—¿Estás de broma?

—A golpe de publicidad, el mensaje acabó calando. La gente empezó a ver el trébol con otros ojos y después a querer librarse de él. Así que las multinacionales mataron dos pájaros de un tiro: vendieron su porquería de herbicida y, encima, la gente tuvo que comprarles también el abono, porque a su césped empezaba a faltarle nitrógeno...

Jonathan negó con la cabeza, disgustado.

Margie sonrió con una mirada llena de malicia.

—El trébol es bonito —afirmó—. En primavera, da incluso florecitas blancas.

Bajó la voz para adoptar un tono confidencial:

—La vida es así: ni se nos pasa por la imaginación que aquello que vemos como un problema a veces es, en realidad, ¡la solución!

Siguieron bajando lentamente junto a los macizos de rosas e hileras de clemátides que olían de maravilla. Más abajo, los troncos retorcidos de los pinos centenarios destacaban sobre el azul luminoso del océano. No corría ni una gota de aire y parecía que las plantas lo aprovechaban para liberar sus aromas, como si supiesen que el viento no se los llevaría.

—Y, como decíamos ayer —añadió Margie—, se lucha en vano. Todos estamos relacionados.

—Esto... Si se me permite, hablábamos de seres humanos, ¡no de plantas!

—Las plantas son seres vivos.

—Sí, pero, bueno, hay límites, digo yo. ¡No vas a hacerme creer que estoy vinculado al trébol de mi césped!

Margie sonrió con calma.

—Vete a saber... ¿Has oído hablar alguna vez de lo que les pasó a los antílopes cudúes a finales de los años ochenta en África del Sur?

—Pues, francamente, ¡no! —contestó Jonathan entre risas.

—Pasó en la sabana de Transvaal. Yo estuve allí hace casi treinta años...

Margie hizo una pausa antes de volver a hablar con voz lánguida, como si las palabras acudieran a sus labios a medida que su memoria le traía los recuerdos.

—Todavía me acuerdo del sol rojo del alba en las vastas llanuras y del soplo cálido del viento que transportaba el olor de las fieras. Aquellas llanuras albergaban numerosas reservas donde vivían los cudúes, esos grandes antílopes de largos cuernos retorcidos. Tenían la costumbre de comer hojas de acacia. Y los árboles se dejaban hacer...

Jonathan se echó a reír.

—¡No tenían demasiadas opciones!

Margie le sonrió de manera enigmática.

—Un día, los antílopes empezaron a morir uno tras otro en las reservas sin que se supiese por qué. No se debía a un ataque de fieras, no había ni rastro de heridas. Nuestro equipo de biólogos necesitó dos años para encontrar la causa. Lo que acabamos por descubrir cambió en gran medida mi visión del mundo...

Jonathan frunció el ceño.

—Hasta aquel momento, las acacias se habían dejado hacer, puesto que sabían que los antílopes se comían unas hojas y se marchaban. Pero, aquel verano, los antílopes se habían multiplicado en las reservas. Y habían comenzado a comer muchas más hojas que de costumbre. Los árboles reaccionaron entonces aumentando el contenido de tanino de sus hojas para hacerlas más amargas y repeler a los antílopes.

Jonathan la miró con aire dubitativo.

Margie continuó sin reaccionar:

—Pero los antílopes, hambrientos, continuaron comiéndose sus hojas, hasta el punto de que los árboles se vieron amenazados.

Guardó silencio y luego prosiguió:

—Entonces, se pusieron a infundir un veneno en su savia. Sus hojas, normalmente comestibles, se volvieron... letales.

Jonathan miró a su tía, pálido.

—Y eso no es lo más extraordinario —aseguró Margie—: las acacias lo transmitieron de árbol en árbol. Avisaron a sus congéneres del peligro que los amenazaba si dejaban que se comieran sus hojas como siempre. Sí, has oído bien: los árboles se comunicaron unos con otros, de manera que todos ellos se pusieron a producir aquel veneno.

Jonathan se quedó en silencio un rato antes de replicar:

—¿Qué pruebas hay de ello? Quizá sólo se deba a que cada acacia reaccionó individualmente de la misma manera al enfrentarse al mismo problema.

Margie negó lentamente con la cabeza y entrecerró los ojos.

—Todas las acacias del lugar comenzaron a producir hojas tóxicas... incluso las que se encontraban fuera de las reservas y, por tanto, no tenían contacto con los antílopes. No tenían ninguna razón para reaccionar así... a menos que hubiesen recibido la información.

Jonathan sintió un escalofrío en la espalda. La idea de que los árboles pudiesen hablar entre ellos era de ciencia ficción. Que hubiera algo de realidad en aquel tema resultaba inquietante.

—¿Sabemos cómo lo hacen?

—Tenemos algunas pistas, pero nada definitivo todavía. Sabemos que intercambian información química por las raíces, vía tierra, pero se ha demostrado que el asunto no queda ahí.

—Cuenta.

—Una planta sabe reconocer a las vecinas que viven en la tierra alrededor de ella. Cuando se trata de plantas de la misma familia, les deja espacio para crecer ralentizando el crecimiento de sus propias raíces. Por el contrario, cuando su vecina es ajena a ella, hace que crezcan a toda velocidad para ocupar el terreno. Conque realizamos el siguiente experimento: dejamos una caja vacía, opaca y hermética, en un terreno donde se habían sembrado semillas de pimiento y medimos el crecimiento de las raíces. Luego repetimos el experimento, pero metiendo en la caja una planta de hinojo. Hay que tener en cuenta que el hinojo es conocido por ser enemigo de los pimientos (esparce por el suelo y el aire señales químicas que entorpecen su crecimiento). Así que pusimos el hinojo en la caja opaca y totalmente hermética colocada sobre la tierra. No había forma alguna de que las plantas se comunicaran mediante intercambios químicos. Y, aun así, observamos que los pimientos empezaron a hacer crecer sus raíces a toda velocidad, comportamiento típico de una planta que ha descubierto a una extranjera en su territorio. Por tanto, el pimiento había logrado saber que el hinojo estaba allí, pero ¿cómo? Misterio.

—Es de locos.

Jonathan recorrió con la mirada las madreselvas perfumadas, los rosales, las clemátides, los arbustos, los grandes pinos inmóviles y majestuosos. Desde aquel momento, no volvería a verlos de la misma manera.

—Te parece de locos porque nunca habías oído hablar de esos sucesos, pero nadie se sorprende de cosas que, sin embargo, pasan todos los días a nuestro alrededor...

Jonathan frunció el ceño.

—¿A qué te refieres?

—¿Te has preguntado alguna vez, por ejemplo, por qué son capaces las aves de volar en formación?

—¿Qué tiene eso de sorprendente?

—¿Sabías que son capaces de cambiar bruscamente de dirección, todas juntas, sin llegar a tocarse nunca? Aun cuando están muy cerca, ¿sabes?

—Supongo que se adaptan al que se encuentra a la cabeza de la formación. Deben seguirse de cerca y mantenerse extremadamente vigilantes, concentradas, despiertas...

Margie negó con la cabeza sonriendo.

—Eso no explica el fenómeno. Unos científicos midieron el tiempo que tardan las aves en cambiar de dirección cuando la que va en cabeza cambia de rumbo. Es menos del que necesita la transmisión nerviosa para ir del ojo al cerebro y luego del cerebro a las alas.

Jonathan la miró en silencio, interesado.

—Es el mismo misterio que el de los peces que nadan en bancos —continuó Margie—. Las investigaciones han revelado cosas perturbadoras: cuando se les cubren los ojos con un vidrio esmerilado para volverlos ciegos durante el experimento, los peces mantienen su posición dentro del banco y siguen moviéndose de manera perfectamente coordinada.

—Sus desplazamientos deben de crear ondas en el agua, corrientes que todos ellos deben de sentir...

—Eso es lo que se pensó. Así que los investigadores seccionaron los nervios de la línea lateral de los peces estudiados a la altura de las agallas y su nado siguió estando perfectamente sincronizado con el de los demás.

—La verdad es que resulta inquietante...

—Tampoco sabemos explicar por qué las palomas mensajeras encuentran su palomar cuando se las suelta a cientos de kilómetros, en un lugar totalmente desconocido, circunstancia que las lleva a emprender un trayecto que nunca han recorrido antes.

—Ni las aves migratorias...

—Exacto. Se pensaba que los padres les enseñaban el viaje a los polluelos, de manera que unos investigadores los separaron al nacer. Cuando los polluelos tuvieron edad para volar, los soltaron. Se lanzaron al cielo y, de manera espontánea, cruzaron medio planeta para encontrarse, en el lugar preciso donde se hallaban, con sus padres, que habían salido varias semanas antes...

Jonathan permaneció callado durante un rato, pensativo. A lo lejos se veía un grupo de barcos de velas rojas que navegaban juntos. Seguramente, una escuela de navegación. La escasez de viento los mantenía casi inmóviles, suavemente zarandeados en el sitio por las olas.

—¿Adónde quieres llegar? —acabó diciendo.

—Un gran biólogo de la Universidad de Cambridge, Rupert Sheldrake, ha planteado la hipótesis de que existe algo que vincula a los seres vivos entre ellos, y no sólo a los hombres. Algo que ha llamado campo mórfico.

Jonathan torció el gesto.

—He oído hablar de los campos magnéticos, los campos gravitacionales... nunca de los campos mórficos.

—Sería una especie de matriz invisible. Como un espacio que englobaría a los seres vivos que tienen relación unos con otros y que les permitiría mantener una forma de contacto constante. Un vínculo que no desaparecería ni con el tiempo ni con la distancia.

—¿Ni con la distancia?

—Sí.

—Eso me parece una locura. Puedo imaginar que emitamos ondas o cualquier otra cosa que sea percibida por los demás y que nos permita seguir conectados a ellos, pero, si me voy de viaje a la otra punta del planeta, no creo que pueda continuar pasando.

Margie negó con la cabeza.

—No se trataría de ondas, precisamente. Ni de un campo eléctrico o magnético, que, en efecto, desaparecería con la distancia. Y eso quizá sea lo más perturbador de todo: sería un vínculo de otro orden, a otro nivel, como si estuviésemos ligados en otra dimensión, independiente del tiempo y del espacio. Como si, al conectarnos en algunos momentos en esa dimensión, tuviéramos acceso inmediato a las informaciones que contiene y que nos unen.

—Es algo tan increíble que resulta casi delirante...

—Una vez más, todavía no hay ninguna certeza científica al respecto, sino suposiciones fundadas con pruebas incipientes y experimentos perturbadores llevados a cabo por científicos como Sheldrake. Y eso permite explicar los fenómenos de los que acabamos de hablar, y muchos otros más.

—¿Como cuáles?

—¿Alguna vez te ha pasado que, de repente, te has puesto a pensar en alguien del que no sabías nada desde hacía mucho tiempo, que puede que viva muy lejos, en otro país, y que esa misma persona te llame poco rato después? ¿O que al oír sonar el teléfono adivines quién llama?

Jonathan sintió un escalofrío. Aquel fenómeno le había sucedido en varias ocasiones. Lo había atribuido al azar.

—La existencia del campo mórfico también explicaría por qué la gente es capaz de sentir la mirada de alguien aun cuando tiene los ojos vendados y le está dando la espalda.

—¿De verdad?

—En el centro de investigación hemos probado ese experimento con más de novecientos sujetos. Los resultados son incontestables: las personas que tienen esa capacidad logran detectar cuándo una mirada se detiene en ellas con un índice de acierto del 73 por ciento.

—Vaya...

—También hay animales de compañía que saben de antemano cuándo va a volver su amo a casa y se levantan para recibirlos en la puerta pocos minutos antes de su llegada, por ejemplo. Sheldrake ha realizado innumerables investigaciones sobre este asunto. Ha demostrado que esa clase de comportamientos manifestados por perros y gatos antes del regreso del amo no pueden explicarse por sus hábitos horarios (hizo variar la hora de regreso de forma aleatoria), ni por el reconocimiento del sonido del coche o el autobús (hizo variar el medio de transporte), ni por lo desarrollado de su olfato (hizo viajar a los amos en vehículos estancos).

Jonathan asintió lentamente. Había oído a algunos amigos comentar esa clase de cosas, pero nunca se las había tomado en serio.

—Eso también permitiría comprender mejor por qué huyeron tantos animales antes de la llegada del célebre tsunami que devastó un buen número de playas del sur de Asia en 2004 a pesar de que no hubo ningún indicio perceptible a través de sus cinco sentidos. Ése fue el caso, en particular, de los elefantes de Sri Lanka. Se retiraron hacia el interior y a tierras altas una hora antes del maremoto devastador. En Tailandia, en un recinto donde los turistas se pasean subidos a sus lomos, los elefantes comenzaron a barritar de manera extraña por la mañana temprano y, más tarde, se negaron a obedecer. Luego rompieron sus cadenas y se marcharon para subir a las colinas. Los pocos hombres que los siguieron se salvaron. Muchos otros animales tuvieron comportamientos similares. Como en el parque nacional de Yala, en Sri Lanka, donde las olas destruyeron todo lo que había en tres kilómetros desde la costa hacia el interior sin que pudiesen encontrar ni una sola osamenta animal entre las víctimas humanas.

—¿Y entonces cómo explicas que los hombres se dejaran atrapar si también estamos vinculados a ese campo del que hablas?

Margie suspiró.

—La aparición de la tecnología en la vida de los hombres nos ha alejado de ciertas facultades que nos son propias, aunque sus aportes, por otro lado, a veces sean fabulosos. Todos hemos constatado que nuestra memoria es menos eficaz desde que confiamos en las agendas electrónicas para recordar lo que tenemos que hacer.

—Eso está claro...

—O incluso que progresivamente perdemos nuestro sentido de la orientación desde que nos dejamos guiar por los GPS.

—Puede ser, pero prefiero eso a vérmelas negras para encontrar el camino.

—Estábamos hablando del tsunami de 2004. En aquella época, ciertas tribus llamadas primitivas sintieron también la llegada del peligro y se retiraron a sitios elevados mucho antes de la llegada del tsunami, mientras que los hombres llamados desarrollados murieron sin ver venir nada.

—No lo sabía.

—Fue el caso de los pueblos indígenas de las islas Andamán y Nicobar, situadas muy cerca del epicentro del seísmo, donde se contaron cerca de siete mil víctimas. Sin embargo, las tribus de los sentineleses, de los onges, de los grandes andamaneses y de los shompen escaparon del peligro de forma milagrosa. En la isla de Jirkatang, los doscientos cincuenta miembros de la vieja tribu jarawa se retiraron tierra adentro mucho tiempo antes de la llegada de las olas y se alimentaron de nuez de coco durante diez días. En el sur de la isla de Surin, de los doscientos miembros de la tribu moken, todos salvo un muchacho minusválido buscaron refugio también mucho antes del momento fatídico. Cuando se les preguntó cómo habían sabido que iba a producirse un drama semejante, parecieron sorprendidos por la pregunta, como si la respuesta fuese evidente. «No hemos hecho más que escuchar a la Naturaleza», dijeron.

Jonathan sonrió.

—Victor Hugo decía: «La Naturaleza nos habla, pero no sabemos escucharla».

Margie asintió.

—Por cierto, esos primeros pueblos primitivos son capaces de cosas sorprendentes. Está claro que poseen acceso a una fuente de información misteriosa que nos resulta ajena.

—¿En qué estás pensando?

—Los indios del Amazonas son capaces de encontrar el árbol o la planta que puede curar a un enfermo. Pero en la selva amazónica, en una sola hectárea hay más especies diferentes de árboles que en toda Europa. Por no hablar más que de los árboles. Hay más de ochenta mil variedades de plantas distintas que crecen a su alrededor. Y cuando se les pregunta cómo logran determinar cuál puede curar al paciente, responden que son las plantas quienes se lo dicen.

Jonathan contuvo una sonrisa.

—Sus chamanes entran en trance y, en ese estado de conciencia modificado, dicen relacionarse con el espíritu de las plantas. Como si les permitiese conectarse con mayor facilidad a...

—... un campo mórfico.

—Exacto. Mira, otro ejemplo sobrecogedor: desde hace generaciones se han puesto a punto diferentes fórmulas de curare, ese veneno que se utiliza para cazar porque produce una parálisis instantánea de todos los miembros de la víctima. Unos investigadores occidentales las analizaron y descubrieron que algunas de ellas eran sofisticadas, puesto que empleaban elementos extraídos de plantas muy diferentes cuyos elementos desempeñan un papel fundamental en el preparado. Si uno solo de esos componentes faltara, o si la dosis de uno de ellos variase, el veneno no sería eficaz. ¿Cómo han hallado la fórmula? No tienen libros, ni laboratorios, ni instrumentos. Son analfabetos.

—Quizá procedieran por ensayo y error.

—No. Eso puede funcionar si buscas la combinación de dos o tres componentes entre docenas o unos centenares de ellos, pero la combinación de siete u ocho elementos entre ochenta mil proporciona varios millones de posibilidades. Nadie puede hacer millones de ensayos.

La mirada de Jonathan se perdió por el jardín y sus cientos de árboles, de arbustos, de matorrales, de plantas, de hierbas. Era raro imaginar que algo nos relacionara.

—¿Sabes —preguntó— que estás aplastando brutalmente cientos de briznas de césped con tus pies?

Margie se rio con ganas.

—Es cierto que la idea de ese vínculo nos conduce a revisar nuestras relaciones con la vida que nos rodea —dijo recorriendo con mirada de admiración la vegetación de su jardín—. Lo que está claro es que estamos hechos para vivir juntos. Por otro lado, varios estudios han mostrado cosas bastante elocuentes.

—¿Por ejemplo?

—Unos investigadores demostraron que el simple hecho de caminar por un bosque reforzaba nuestro sistema inmunitario.

Jonathan pensó en sus caminatas por la naturaleza salvaje de Big Sur. Se sentía tan bien en aquellos momentos...

—Otros estudios —prosiguió Margie— prueban que la presencia de plantas en las oficinas disminuyen un 30 por ciento los dolores de cabeza, un 20 por ciento el cansancio y otro tanto los dolores de garganta. Existen resultados del mismo tipo concernientes a la presencia de animales a nuestro alrededor. Así, sabemos que una persona que ha sufrido un infarto tiene un 23 por ciento más de probabilidades de seguir viva un año después si vive con un perro en casa.

—Vas a hacer que me sienta culpable: Chloé siempre ha querido tener una mascota. Angela estaba de acuerdo, pero yo siempre me he negado.

Margie sonrió.

—El ser humano es un ser de relaciones. Relaciones con los demás, con los animales, con las plantas. Son las relaciones las que nos hacen vivir. Por cierto, eso podemos afirmarlo sin lugar a dudas desde el experimento llevado a cabo por Federico II del Sacro Imperio en el siglo XIII.

—Nunca he oído hablar de él.

—Hablaba seis o siete lenguas con fluidez y se preguntaba cuál sería la «lengua de Dios», aquella con la que hablaríamos de manera natural si nadie nos enseñara otra.

Así que montó un experimento que, afortunadamente, hoy no le permitirían repetir.

—¿Qué hizo?

—Mandó aislar a unos recién nacidos que fueron confiados a unas niñeras con una misión especial. Tenían instrucciones de proporcionarles comida y bebida y de cambiarlos para que estuviesen limpios; en resumen, de garantizar el cuidado de todas sus necesidades fisiológicas. Pero no podían darles mimos, jugar con ellos ni, sobre todo, hablarles.

—Y, entonces, ¿qué lenguaje desarrollaron?

—Nunca se supo.

—¿Por qué?

—Todos murieron. A pesar de que todas sus necesidades fisiológicas estaban cubiertas. De lo único de lo que les privaron fue de las relaciones humanas.

Jonathan movió la cabeza asqueado.

—Es atroz.

—Las relaciones son la esencia de nuestra vida, Jonathan.

Aquellas últimas palabras de Margie parecieron quedar suspendidas en el aire. El sol ya brillaba con fuerza y Jonathan sabía que su tía no tardaría en volver a la casa. En el océano había aparecido un viento ligero y los pequeños veleros habían retomado el rumbo, todos al mismo tiempo.

«Las relaciones son la esencia de nuestra vida.» En aquellos momentos, las principales relaciones de Jonathan eran las que mantenía con sus clientes. Pero ¿puede hablarse realmente de relaciones cuando se trata de gente de la que se espera algo? ¿Gente a la que no se le dice toda la verdad para conseguir una firma? Bah, no era para tanto...

—Algunos creen que pueden vivir sin depender de nadie. Piensan que su felicidad no depende más que de ellos mismos. Es un inmenso error de percepción.

Margie se inclinó hacia su sobrino y mostró su célebre sonrisa maliciosa.

—En el interior de tu cuerpo viven quinientas especies de microorganismos.

—Y yo sintiéndome solo.

—En tu intestino viven diez billones de bacterias.

—Para. Qué asco.

—Esas bacterias que viven dentro de ti son cien veces más numerosas que las células de tu cuerpo.

—Calla, que me están dando ganas de hacer una cura de antibióticos.

Margie sonrió.

—A veces necesitamos a aquellos que creemos nuestros enemigos.

—Y ¿qué me vas a soltar ahora?

—Esas bacterias te protegen contra organismos virulentos que podrían hacerte caer gravemente enfermo. Matarlas con antibióticos te volvería muy vulnerable. Y además...

—¿Qué?

—Hay otra cosa —dijo en un tono un poco misterioso.

Jonathan frunció el ceño.

—Las bacterias que viven en tu intestino son responsables del equilibrio de tus niveles de serotonina. Sin ellas, te faltaría.

—Y ¿qué es eso de la serotonina?

Margie lo miró un momento para prolongar el suspense.

—La hormona que hace que te sientas feliz.

16

Austin Fisher entrecerró los ojos y luego movió lentamente la cabeza para tratar de alejar los recuerdos. Para volver a centrarse en el presente. El pasado ya no existe. Seguir pensando en él es absurdo. Cogió una pelota de tenis con la mano y la acarició con los dedos para concentrarse en la sensación física que le producía. La sensación es el presente, nada más que el presente. Al cabo de unos instantes, sin embargo, la imagen del tenista danés volvió a aparecer ante sus ojos, y oyó una vez más su voz un poco gangosa, su odioso tono durante la entrevista en la CNN.

«Austin Fisher no es más que una máquina, una máquina de ganar.»

Envidia. Era la envidia lo que había movido a aquel deportista frustrado a largar tales atrocidades.

«Vuelve a centrarte, eres un profesional.»

A lo largo de su carrera, a menudo había oído a comentaristas afirmar cosas desagradables. Formaba parte del juego y había logrado que no le afectase demasiado. Por supuesto, a veces se irritaba o incluso se enfadaba, pero aquello era diferente. Nunca se había alterado tanto. Entonces, ¿por qué ahora sí? ¿Por qué durante el torneo que debía hacerle entrar en la historia del deporte?

«Una máquina de ganar, carente de sentimientos, y ahí reside su fuerza.»

¿Cómo podían decirse cosas tan injustas? Negar el enorme trabajo al que se sometía, todos aquellos años consagrados a entrenar, el empeño sin tregua, sin distracciones ni frivolidades. Obviar todos esos esfuerzos de un plumazo...

En aquel instante, Warren entró en la habitación inundada de luz. El salón del chalé alquilado para el torneo tenía unos grandes ventanales que daban a la piscina. Al entrenador se le borró muy rápido la sonrisa de la cara al ver así a su jugador.

—¿Pasa algo?

—Nada, nada. Ningún problema —respondió Austin con un tono neutro absolutamente controlado.

Warren lo miró un momento y luego se sentó en el apoyabrazos de un sofá situado frente a él.

—Es... por ese tenista danés, ¿verdad?

Austin se quedó inmóvil unos instantes, luego acabó reconociéndolo poniendo mala cara. Más valía confesarle a Warren su debilidad. Si uno empieza a ocultarle cosas a su preparador, lo lleva claro.

—Por más que intente quitarme de la cabeza su imagen y sus palabras, no paro de recordarlas, me persiguen.

Warren entrecerró los ojos.

—Y ¿qué te hace sentir eso?

Austin se tomó un momento para meditar sobre lo que le pasaba.

—Me parece injusto, me pone triste y acapara mi atención. En pocas palabras, me trastorna.

—Normalmente estas cosas te ponen más bien furioso —señaló Warren, que parecía muy preocupado.

—Normalmente suele ser un periodista quien dice esa clase de cosas y me pone furioso. Pero esta vez ha sido un tenista como yo y, no sé por qué, pero me entristece. Me hiere.

Warren se quedó callado unos instantes y a continuación se levantó.

—Dentro de dos minutos te vas a reír de todo esto. Antes trabajaba mucho con este tipo de problemas en el mundo empresarial. El contexto es diferente, pero el esquema es el mismo. Allí se trataba más bien de gente que se obsesionaba con los reproches injustos de su jefe o los comentarios desagradables de compañeros con mucha ambición.

Cogió una jarra y la dejó encima de la mesa de café.

—¿Quieres un vaso de agua?

Austin asintió. Warren sirvió dos y le tendió el suyo al tenista.

—Dices que su imagen y sus palabras te vienen una y otra vez a la cabeza. ¿De qué manera? Cuéntame un poco más.

—¿De qué manera? Pues... Cómo decirte... Veo su cara tal como apareció en la tele...

—¿A qué distancia la ves?

—¿Cómo? La tengo en la cabeza, no hay distancia...

—Sí, y si tuvieses que situar en el espacio esa imagen mental tal como te la representas, ¿dónde dirías que se encuentra?

Austin se concentró. No era fácil ubicar la imagen de un recuerdo...

—Yo diría... a tres metros delante de mí.

—¿Qué dimensiones tiene?

Austin reflexionó un momento mientras trataba de hacer que la imagen reapareciese.

—Es más o menos un cuadrado de un metro de lado.

—¿En color o en blanco y negro? ¿Con contraste o difusa?

—En color, con contraste. Su tez de borracho domina en la imagen.

—¿Es una imagen fija o se mueve?

—Es una película. De hecho, repaso mentalmente la película de su entrevista.

—Vale. Y la voz, descríbeme su voz tal como la oyes.

—Habla alto a pesar del tono gangoso. Oigo sus críticas una y otra vez.

—Vale. Ahora coge esa imagen y aléjala un poco, pongamos a cuatro o cinco metros.

—¿Para qué?

—Al alterar la manera en que te imaginas ese recuerdo, cambiaremos tu forma de sentirte respecto a él. Haz retroceder la imagen cuatro o cinco metros.

Austin miró la imagen mental del tenista, que se estaba moviendo, y visualizó cómo se alejaba. Asintió con la cabeza.

—Muy bien —continuó Warren—. Ahora disminuye su tamaño lentamente. Redúcela a la mitad.

—Vale.

—Ahora, quítale algo de color, déjala más sosa, más paliducha, casi en blanco y negro.

Austin sonrió al realizar aquellos cambios.

—Muy bien —dijo su entrenador—. ¿Cómo ha hecho que cambie tu forma de sentir?

—Me siento más indiferente.

—Perfecto. Entonces, ahora jugaremos con su voz. Haz que siga hablando, pero con voz somnolienta, cada vez más lenta, monótona y grave, una voz que se estire como si fuera pegamento. Y que continúe pronunciando las mismas palabras.

Austin se concentró unos instantes; luego, le entró la risa floja.

—Ahora —prosiguió Warren— añade una musiquilla de fondo, una música que acompañe sus palabras. ¿Sigues oyendo lo que dice?

—Sí.

—Añade una musiquilla... ¡circense! Una música de circo como la que se oye de vez en cuando, cómica y un poco ridícula, estrambótica, estrafalaria. La oyes por encima de la voz del tipo, que sigue hablando con su voz de caramelo derretido.

Austin se echó a reír al visualizar mentalmente aquella peliculilla imaginaria. El tenista tenía pinta de tonto de pueblo, borracho como una cuba.

«Aaaustiiin Fiiisheeer eees uuunaaa máaaquiiinaaa.»

Con la música de fondo, sus palabras resultaban absolutamente demenciales.

—Ahora, vuelve a empezar —dijo Warren—, repasa una vez más esa nueva película hacia delante y luego hacia atrás.

—¿Hacia atrás?

—Sí, como si el proyeccionista de un cine antiguo la rebobinase. La acción va en sentido contrario.

Austin se concentró. No era fácil.

—Vuelve a pasarla hacia delante, todavía con la música de circo y todo el jaleo.

Austin se relajó. La visión del tenista danés ya no tenía ningún efecto negativo sobre él. Se le escapaba la risa al escuchar sus palabras.

—A partir de ahora —le dijo Warren—, cada vez que te venga a la mente el recuerdo de ese tenista, toda esa tramoya lo acompañará.

Austin sonrió. Se dijo que también aplicaría aquella técnica a los viejos reproches de su padre, con los que lo machacaba en su infancia, y que, surgidos de la nada, a veces todavía le retumbaban en los oídos.

Pero no en aquel instante. Sobre todo, no entonces. Más tarde. Cuando ganara el torneo.

17

¡Clin!

Los vasos entrechocaron con un sonido cristalino. La luz del sol inundaba la terraza del café.

—¡Por vosotros! —brindó Jonathan, todo sonrisas.

—Por ti —mascullaron Michael y Angela.

Su socio parecía disgustado desde que Jonathan había anunciado que no, que su regreso a San Francisco de momento no significaba que retomara el trabajo.

—Tienes buen aspecto —intervino Angela, que parecía tener un poco de envidia—. Ya no me acuerdo de qué idiota dijo lo de «El trabajo es salud».

Desde hacía dos días, Jonathan estaba como en una nube. Sus conversaciones con Margie le habían entusiasmado y devuelto las ganas de vivir. Desde entonces, veía el mundo de otra manera y la vida le daba la sensación de participar en una aventura misteriosa, única, extraordinaria. Ignoraba, en efecto, durante cuánto tiempo, pero de momento saboreaba la magia de cada instante. En cuanto su mirada se cruzaba con la de otro o se detenía en una flor, una planta o un pájaro, le entraban ganas de sonreír.

—Sí tienes pinta de estar mejor —dijo Michael en tono de reproche.

—Sí, estoy bien.

Michael bebió un trago.

—El crecimiento de la gestoría se ha ralentizado gravemente desde que te fuiste —aseguró.

Jonathan observó a sus socios sonriendo. Su mirada saltaba de uno a otro. Los rasgos de sus caras, sus expresiones, sus ojos, los más mínimos movimientos que los animaban revelaban algo de ellos, de sus vidas, de sus miedos y de sus esperanzas. Gracias a aquellos rasgos, Jonathan lograba entrever a los niños que habían sido aquellos adultos, a los niños que habían vivido, que habían madurado, cambiado, pero que todavía constituían una parte de sí mismos. La imagen hacía que sus socios le resultasen conmovedores.

Jonathan se dio cuenta de que raras veces había tenido ocasión de mirarlos «de verdad», de aquella manera. Nuestros ojos pasan por la gente sin detenerse, sin prestarle atención.

—Me alegro de veros —dijo con cara de felicidad.

Ellos lo miraron de soslayo. Michael fue el primero en romper el silencio.

—¿Cuándo calculas que volverás al curro?

Pero Jonathan seguía en su nube.

—La vida es...

Michael y Angela se quedaron mirando a Jonathan de reojo, a la espera de la caída.

—... bella. La vida es bella.

Angela le dio un mordisco a un rábano.

—¿Alguna otra reflexión profunda?

—La vida es bella y no nos damos cuenta. Mira ese rábano que te estás comiendo. ¿No es una maravilla? No, en serio... Míralo de verdad... Se merece que admiremos su belleza antes de tragárnoslo, que... le demos gracias por entregarse a nosotros.

Los otros dos se lo quedaron mirando con una expresión extraña, indescriptible.

Jonathan inspiró profundamente, encogiéndose de hombros ante su incapacidad para expresar lo que sentía.

—Es sólo que me parece... que la vida es fantástica y que, digan lo que digan, a pesar de la crisis, estamos viviendo una época impresionante.

—Dices eso porque estás de vacaciones —replicó Angela.

—Que no, mirad, cuando se ven las cosas con perspectiva, el mero hecho de poder sentarse como lo hacemos, aquí, donde nos apetece, y de poder elegir lo que queremos comer, resulta increíble, ¿no?

—¿Te pasa algo?

—Que no... A escala de la historia de la humanidad, vivir en un país en paz, desplazarse con libertad y comer lo que queremos decidiéndolo así, con un chasquido de dedos, ¡es excepcional! Nos parece una banalidad, pero ¡es un lujo increíble!

Michael y Angela habían dejado de masticar. Miraban a Jonathan con preocupación.

—Esta mañana, mientras me duchaba —siguió Jonathan—, me decía que basta con girar un grifo para que corra el agua. ¿Os dais cuenta? ¡Eso también es alucinante! Giro un grifo y tengo agua. ¿La quiero fría? Sale fría. ¿La quiero caliente? Corre caliente encima de mí, sin más. ¿Sois mínimamente conscientes de ello? Y luego, si está demasiado oscuro, pulso un botón, ¡y se enciende la luz!

—Mejor secarse las manos primero —intervino Michael.

—Pero ¿sois mínimamente conscientes de ello? Un breve movimiento del dedo, y ¡la luz viene! ¡Deberíamos alegrarnos por ello cada vez que sucede! Tengo frío, pulso otro botón y mi casa se calienta. ¿No parece cosa de locos cuando se para uno a pensarlo?

Sus dos socios lo miraron fijamente, Michael con el ceño fruncido y Angela con los ojos como platos.

—¿Qué te has fumado? —le preguntó él.

—Yo también quiero saberlo —añadió Angela con tono de envidia.

Jonathan sonrió, dio unos sorbos y después unos bocados en silencio.

—¡Mirad esto! —exclamó de repente.

Michael y Angela se inclinaron hacia el plato de verdura servido como aperitivo con una salsa de queso. Jonathan tenía entre los dedos un cogollo de brócoli.

—Acercaos, miradlo de cerca.

—¿Qué pasa? —dijo Angela—. ¿Tiene un gusano?

—Mirad esta maravilla. Cada cabeza se ramifica en cabezas más pequeñas que tienen exactamente la misma estructura, y cuando las observamos de cerca, vemos cómo se divide de nuevo en cabezas en miniatura con la misma forma. El brócoli presenta un aspecto fractal. En cada parte encontramos el todo. Algo así como si cada uno de nosotros estuviera hecho a imagen de toda la humanidad, o como si viésemos todo el universo en un puñado de tierra.

—Genial —dijo Angela melancólicamente.

—Cuando comemos, en definitiva, es la vida que se nutre de la vida. Al fin y al cabo, la vida contiene vida en su seno.

Michel frunció el ceño. Angela entrecerró los ojos.

—Y además me he enterado de una cosa increíble —continuó Jonathan—. Hay billones de bacterias viviendo en nuestro intestino y...

—Una auténtica fosa séptica ambulante —lo interrumpió Michael.

Angela puso cara de asco.

—Y ¿sabéis qué? —volvió a preguntar Jonathan—. Son las que nos proporcionan la serotonina, la hormona de la felicidad. ¿A que es de locos? ¡Nos sentimos bien gracias a esas bacterias!

Angela suspiró.

—¿Cuál es el mensaje? ¿Que los que nos revuelven las tripas en realidad nos hacen felices?

Mojó un rábano en la salsa antes de añadir:

—A lo mejor tendría que haberle dicho a mi suegra que viviese con nosotros...

18

«—Pasado un cierto estadio, podemos pensar que alcanzaremos un punto sin retorno y que entonces el calentamiento climático causará efectos incontrolables.

»—¿Como cuáles?»

El científico se aclaró la garganta con nerviosismo, evidentemente presa del desasosiego. Ryan sonrió. Aquel tipo se permitía dar lecciones a todo el mundo cuando ni siquiera era capaz de hablar en la tele.

«—El aumento de la temperatura conlleva el deshielo de los polos. Al fundirse, existe el riesgo de que ese hielo libere el metano que contiene. O bien que ese metano, que ahora está atrapado, sea en sí mismo un gas con efecto invernadero...

»—¿Quiere decir que corremos el riesgo de que, en ese momento, la máquina se embale?»

El invitado asintió.

«—Y eso ¿a qué nos conducirá?»

Ryan apagó la tele. Estaba harto de oír aquellas gilipolleces.

Se acercó a la ventana de su habitación. Nadie en la hilera de jardines. Al amanecer, había grabado el decimocuarto episodio de los encogimientos de hombros de Gary, ya esperados por un montón de fieles espectadores.

Volvió al salón y echó una ojeada entre las cortinas negras. Michael y Angela estaban sentados a una mesa.

Encendió el micro parabólico y activó la cámara.

—Es una locura lo que ha cambiado Jonathan desde vuestra separación. Está zen, relajado, positivo...

—Gracias, muy amable —dijo Angela ofendida.

—Bueno, lo cierto es que también está un poco chalado...

Michael cogió un rábano y lo sostuvo delante de él a la altura de los ojos.

—Oh, tú, Rábano, ¡maravilla de la Naturaleza! Te doy las gracias por entregarte a mí, por dejarte comer, por sacrificar tu vida por mí. La vida se nutre de la vida y el hombre, ¡del rábano!

Le dio un mordisco con aire inspirado y lo masticó ceremoniosamente con los ojos cerrados. Su socia se rio.

—Todo eso es muy bonito, pero necesitamos que se decida a volver a currar. Las cifras de la gestoría no pueden seguir así de estancadas más tiempo.

Michael asintió, repentinamente preocupado.

—Bueno, entonces, ¿cuándo me vendes tu parte para no tener que aguantar la intolerable visión de tu expareja radiante y risueña?

—Ni lo sueñes.

—Ya cambiarás de opinión.

—El reembolso de mi parte ni siquiera bastaría para pensar en crear otra cosa.

El muy expresivo rostro del sobreexcitado Michael se quedó inmóvil. Ryan se dijo que el codicioso había detectado una fisura en su interlocutora. Aumentó ligeramente el zum sobre ellos.

—Si quieres tener pastón como complemento para montar otra cosa, hay una solución.

Angela levantó la mirada.

—¿Cuál?

—En lugar de pedirle a Jonathan una pensión de manutención mensual, pídele un capital, una gran suma de una sola vez.

—Y ¿no volver a cobrar nada? Sería una locura, Chloé sólo tiene siete años...

—Al contrario, es más prudente: Jonathan está tan sumamente raro en este momento que más vale pájaro en mano. Lo cogido, cogido está.

Angela pareció reflexionar sobre aquel argumento. Siguió comiendo en silencio con el ceño fruncido.

—De todas formas —dijo al cabo de un momento—, se negará. No tiene ahorros. Le resultaría imposible.

Ryan hizo zum sobre el rostro de Michael. Se apreciaba que tenía una sonrisa triunfal.

—Se las apañará —replicó con tono enigmático—. Cuando uno quiere conseguir dinero, siempre encuentra una solución.

Ryan torció el gesto y barrió con la mirada el resto de la terraza. Descubrió a dos chicas en plena conversación en otra mesa y apuntó hacia ellas con su equipo.

—Qué gracioso —dijo una de ellas, morena con media melena y gafas de pasta—. Oye, ¿te has enterado de lo del pelirrojo de contabilidad? Lo han echado. Qué pena, ese chico era supersimpático.

—¿Quién?

—Ya sabes, el tío que se encarga de la contabilidad de los clientes. Lo vemos de vez en cuando en el comedor, el que muchas veces se sienta cerca de la ventana.

—Ah sí, ya me acuerdo.

—Ese tío es simpatiquísimo.

—Para nada, es un gilipollas.

—Que sí, que es un amor, en serio.

—Para nada, el otro día fui a verlo por un cliente que no había pagado. No quiso sacar el informe sin tener el número de cliente. Tuve que volver a mi despacho, así que ya ves.

—¿Ah, sí?

—Vaya, y luego hubo otro día en que lo necesitaba. Entro en su despacho y estaba al teléfono. Yo sólo quería un dato, pero me hizo esperar hasta que terminó la conversación. ¿Tú crees que paró de hablar un segundo para saber qué quería? Pues ni eso. Nada, ese tío es gilipollas.

La morena puso mala cara un segundo.

—Pues sí —acabó diciendo—. Tienes razón, es un gilipollas.

Ryan estalló en una carcajada y apagó.

«Venga... Un seis. Se publica.»

La escena lo hizo pensar en un experimento que había leído, llevado a cabo durante una investigación sobre psicología. Habían reunido a un grupo de actores en una habitación, todos cómplices. Luego hicieron entrar a un voluntario, la clase de tipo que acepta hacer de cobaya para ganar un poco de pasta y llegar a fin de mes. Le hicieron creer que los actores eran cobayas, como él, y después todos se pusieron a hablar mientras esperaban el comienzo del experimento, ya que les habían dicho que los investigadores llegarían con retraso. En realidad, el tipo ignoraba que el experimento ya estaba en marcha.

En un momento dado, uno de los actores expresó una idea completamente descabellada, y el tipo, claro, la refutó. Hay que decir que era una tremenda y auténtica gilipollez y, además, se veía que chocaba un poco con sus valores.

Sin embargo, poco a poco, los demás actores fueron expresándose sobre el tema y todos abundaron en el sentido del primero. Todos sostenían la misma idea y afirmaban que era la pura verdad.

Y, al cabo de un momento, se hizo manifiesto el cambio de opinión de la cobaya. Empezó con dudas, se le veía titubear, luego comenzó a sumarse. Al final, estaba completamente convencido.

19

Chloé estaba loca de alegría. Daba gusto verla. Por fin Jonathan cumplía su promesa de llevarla al Museo de Historia Natural.

Aparcó el Chevrolet blanco recién arreglado y caminaron juntos hasta la entrada. Era agradable sentir la manita de Chloé en la suya.

El cielo estaba azul, sin bruma matinal alguna, y el aire todavía fresco tenía el ligero aroma de los arbustos en flor que bordeaban el camino de entrada al museo. Se oían retazos de conversaciones en las distintas lenguas de los turistas que se dirigían hacia el museo en pequeños grupos.

En el interior, la exposición sobre la selva amazónica era fascinante. En un invernadero gigante habían reconstruido una parte de la selva tropical con árboles de cerca de quince metros de altura. De ellos colgaban aquí y allá lianas enredadas que se mezclaban con toda clase de arbustos frondosos y plantas invasoras. La luz era tenue para recrear una penumbra fiel a la original. Y todo ello en una atmósfera increíblemente húmeda cuyo aire cálido y espeso estaba cargado de poderosos olores procedentes de plantas exóticas desconocidas.

Unos paneles explicaban la impresionante diversidad de especies que habitaban en la selva amazónica y comentaban que la mayor parte de las firmas farmacéuticas de todo el mundo se dirigía allí para estudiar las plantas que constituirían los remedios del mañana, a veces consultando a los chamanes, en el mayor de los secretos, con el fin de inspirarse en su sabiduría.

Los carteles recordaban la amenaza que los explotadores suponían para la selva y el ritmo inquietante de su destrucción. Jonathan no pudo evitar que el corazón le diera un vuelco.

Después de la exposición, llegaron a la gran sala de la evolución donde, nada más entrar, Chloé dio un grito.

Delante de ella se alzaba el esqueleto gigantesco de un dinosaurio. La boca abierta exhibía una mandíbula de un tamaño desmesurado, dotada de dientes amenazantes. ¡Sólo la mandíbula era más grande que Chloé!

Dieron una vuelta alrededor del gigante óseo, pero la mente de Jonathan estaba todavía absorta en la selva amazónica y la amenaza que se cernía sobre ella.

El hombre civilizado había destruido ya el equilibrio biológico de sus campos: en unas décadas, los cultivos intensivos a golpe de pesticida habían transformado aquellos lugares donde antaño abundaba la vida en forma de miles de especies de insectos y de animales en un espacio muerto donde, en cientos de miles de hectáreas, un único cereal se extendía hasta donde alcanzaba la vista. Un espacio expurgado de casi todas las demás formas de vida. Un vacío abisal.

La destrucción de la selva amazónica era, creía Jonathan, el acto que no había que cometer. Que no había que continuar. El colmo de los errores.

Chloé no le quitaba ojo al esqueleto gigante. A su lado pasaba un grupo de visitantes guiado por una guía con marcado acento británico.

«Antes de su extinción —decía—, los dinosaurios se habían convertido en una especie preponderante en nuestro planeta, cuyos ecosistemas dominaban en su totalidad. No conocían ya ningún depredador y reinaban como amos de la tierra, de los mares y de los aires. Todos los animales estaban a su merced, todas las plantas, todos los árboles: se habían hecho con el poder de destruir a todos los demás seres vivos y lo utilizaban sin miramientos...»

Jonathan volvió a pensar en las palabras de Margie con una sonrisa: en la historia del mundo, decía, todos aquellos que han tenido vocación de imponerse han desaparecido.

«Al final de su reinado —prosiguió la guía inglesa—, los dinosaurios se volvieron cada vez más grandes, y cada vez más obesos. Nada permitía presagiar su desaparición repentina, que todavía hoy, a pesar de las hipótesis propuestas, sigue siendo un misterio.»

—Papá, ¡tengo hambre!

—¿Los dinosaurios te dan hambre, cariño?

—Ya no aguanto más, ¡tengo mucha hambre!

Se dirigieron hacia la salida y entraron en un restaurante de comida rápida que había allí cerca. Compró un perrito caliente gigante para su hija y una enorme hamburguesa para él, y se los comieron paseando por el jardín.

—¿Te gusta?

—¡Está riquísimo! —dijo Chloé—. ¡Y ésta es la mejor salsa del mundo!

Era enternecedor ver cómo Chloé abría la boquita que intentaba morder con dificultad aquel bocadillo desmesurado para su tamaño. Con siete años, todavía conservaba algunos rasgos de cuando era bebé, como las bonitas mejillas redondeadas con aquellos hoyuelos que le aparecían al sonreír. Se sentía muy feliz estando con ella, mirando lo mucho que disfrutaba. Lamentaba los años que había pasado, sin duda, demasiado consagrado al trabajo en detrimento de su familia. Angela tenía razón cuando se lo reprochaba. Nunca había querido admitirlo, pretextando siempre que se implicaba tanto en la gestoría por ellas. Por su futuro. Era cierto, pero el presente no se vive una segunda vez. Los momentos perdidos lo están para siempre. Afortunadamente, ahora se daba cuenta de ello. Chloé seguía siendo una niña, y estaba absolutamente decidido a disfrutar de su relación, aunque fuese los fines de semana alternos. Desde aquel momento, dejaría su teléfono móvil, sus emails, SMS y demás aplicaciones de noticias en casa.

—¿Está buena tu hamburguesa? —le preguntó.

—No está mal, y...

En un banco, a pocos metros, estaba sentado un hombre cuyo rostro le resultaba familiar. Pero ¿de qué lo conocía Jonathan? No conseguía ponerle nombre... Sus miradas se cruzaron sin que el otro reaccionase.

Ah, ¡claro!

—Lo vi en la tele el otro día —le comentó cuando estuvo junto a él—. En un reportaje sobre la exposición del Amazonas.

El hombre asintió sonriendo. Era el indio que hablaba de la selva. Qué curioso ver en carne y hueso a un desconocido que había aparecido en la pequeña pantalla unos días antes.

—Sus palabras del otro día me llegaron muy hondo —continuó Jonathan—. Es horrible que esa selva sea destruida, y todo por dinero.

El indio asintió en silencio.

—Los demás países —continuó Jonathan— deberían presionar a los brasileños para que dejen de hacerlo.

El indio lo miró durante unos instantes con una mirada profunda.

—Eso puede decirlo usted —acabó afirmando de manera enigmática, casi con indulgencia.

Jonathan frunció el ceño. El otro seguía mirándolo tranquilamente con sus ojos caritativos.

—¿Qué... quiere decir exactamente?

El indio habló con voz dulce, sin ningún resentimiento aparente a pesar de estar hablando del drama concerniente a la tierra de sus ancestros.

—Los brasileños talan la selva para transformarla en campos de soja y alimentar a los bueyes.

—Sí, lo sé.

El hombre miró durante largo rato a Jonathan con una mirada tan benévola que el silencio se volvió rápidamente embarazoso. Al final retomó la palabra con un tono tan calmado y amistoso como antes:

—¿Sabe a quiénes se destinan esos bueyes?

Hicieron falta unos segundos para que Jonathan lo comprendiera. Y, entonces, se quedó petrificado. Tragó saliva. La mano con que sujetaba la hamburguesa comenzó a sudarle. Sintió que se sonrojaba.

Permaneció así un instante que duró una eternidad, frente a aquel hombre digno y paradójicamente compasivo que lo miraba con los ojos llenos de bondad.

20

El mundo es el resultado de nuestros actos individuales.

Cambiarse a sí mismo es el único camino hacia un mundo mejor.

Un mundo mejor donde vivir bien.

Jonathan le daba vueltas sin parar a aquella idea en su mente. Intranquilo, sin ganas de levantarse de la cama, no lograba conciliar el sueño.

La vergüenza que había sentido en presencia del indio, multiplicada por un sentimiento de culpabilidad, lo había llevado a darse cuenta de aquello que ahora le parecía una certeza.

Fue al empezar a cambiarse a sí mismo cuando Gandhi logró darle la vuelta a la historia de la India sin participar nunca ni en lo más mínimo en el gobierno. Siempre se le representa provisto de una tranquila seguridad, vestido con su humilde *dhoti* de algodón blanco y rechazando todo título honorífico. Eso es olvidar que en su juventud era de una timidez enfermiza empaquetada en un traje de tres piezas que llevaba con la esperanza de ser reconocido por los ingleses. Fue precisamente su evolución interior, su transformación en un hombre sereno, bueno, justo y carente de ego lo que lo hizo más poderoso que todo el Imperio británico, su ejército y sus instituciones.

Fue también tras experimentar una auténtica metamorfosis en su interior cuando Mandela logró cambiar la historia de Sudáfrica desde lo más profundo de la celda en que se encontraba encerrado. Con frecuencia se olvida que, al principio, preconizaba la lucha armada, razón por la que fue encarcelado. Pero, en prisión, aquel hombre vivió una transformación personal admirable. No sólo se convirtió en un pacifista no violento, sino que incluso fue capaz de perdonar a sus enemigos, los carceleros que lo habían privado de libertad durante veintisiete largos años. Y precisamente porque él fue capaz de perdonar, el país vivió de manera relativamente pacífica aquel increíble giro en la situación.

Jonathan acabó durmiéndose y, aquella noche, tuvo un sueño extraño...

Vuela entre las nubes, luego se eleva por encima de ellas y planea sobre el mar de algodón blanco en un cielo de un azul infinito.

Sobrevuela Rusia, ve a Lenin y a unos revolucionarios que se congregan en las calles. Repiten con mucho entusiasmo:

«Queremos un país igualitario».

Pasan unas nubes negras. Cuando, por fin, se abren, Jonathan ve millones de muertos amontonados por todas partes. Otra vez nubes y entonces la noche se sucede a toda velocidad. Jonathan se siente ingrávido, gira lentamente sobre sí mismo en el cielo. Las nubes pasan por debajo de él. Por encima, el cielo negro. Luego, de nuevo, aparece la luz en el horizonte, tímida, blanca. Abajo, los campanarios dorados de las iglesias de San Petersburgo apuntan con sus agujas hacia Jonathan. Alrededor, edificios modernos. Coches en las calles.

Lenin está sentado en lo alto de un rascacielos. Se encoge de hombros. Está hablando y, sin embargo, Jonathan sabe perfectamente que se trata de la voz de Margie.

«Todo esto para acabar siendo el país con más desigualdades del mundo, hoy escenario de un capitalismo desbocado.»

Una ráfaga de viento muy fuerte. Jonathan no puede resistirla, lo bambolea a toda velocidad hacia el este, zarandeado entre las nubes. Ahora sobrevuela China y, allá a lo lejos, abajo, entrevé a Mao, quien, con una media sonrisa en los labios, anuncia su nueva política económica: «El gran salto adelante va a permitirnos aumentar poderosamente la producción agrícola».

Se acumulan unas nubes muy negras. La voz de Margie surge de la nada:

«A lo largo de los tres años siguientes, treinta millones de personas murieron de hambre en China...».

Unos relámpagos surcan el cielo y desgarran las tinieblas. Las nubes se abren.

Jonathan sobrevuela Francia, reconoce Borgoña, la región que tanto amó en su infancia. Los bueyes están uncidos a los arados en los prados sinuosos. Tras un bosque aparece París —las calesas, los simones, el grito de los cocheros en las calles estrechas, llenas de barro y apestosas—. El sol en el horizonte, la luz dorada en los tejados. Robespierre toma la palabra en el club jacobino. Sincero, idealista.

«Abolir los privilegios de la clase dirigente...»

Y luego la guillotina, las cabezas que ruedan, la sangre que corre, el olor penetrante. Las calles se llenan de una masa roja viscosa que se vierte a las avenidas. Toda París se vuelve roja. Plaza de la Concordia, Robespierre mira cómo corre la sangre. Una berlina precedida por unos motoristas pasa delante de él. El mar de sangre se abre ante las grandes motos. Robespierre aplaude. En el interior, un hombre repite una y otra vez con tono sincero:

«Estoy al servicio de los ciudadanos».

Las motos, seguidas por el automóvil, remontan la calle Real.

«Estoy al servicio de los ciudadanos.»

La comitiva gira a la izquierda y se mete por la calle Faubourg Saint-Honoré.

«Estoy al servicio de los ciudadanos.»

Pasa bajo el pórtico del palacio del Elíseo. El hombre baja del automóvil.

«Estoy al servicio de los ciudadanos.»

Lo espera una alfombra roja. Los miembros de la guardia republicana, con guerrera negra y dorada y casco de penacho rojo, forman a ambos lados. El hombre recorre toda la alfombra, entra en el palacio, cruza los salones con revestimientos dorados y empapelado sedoso y se acerca a la escalera.

Los camareros de piso se ponen firmes de inmediato.

Un sumiller de guantes blancos se inclina para presentarle unos vinos magníficos.

Un cocinero le hace una reverencia para mostrarle una inmensa fuente de plata repleta de los manjares más exquisitos.

El hombre sube la escalera.

Arriba, una corte de consejeros se inclina repetidamente ante él.

Una actriz se desnuda y restriega su cuerpo húmedo contra la prominente panza del hombre.

Los criados le abren las puertas y se inclinan a su paso.

Se detiene en la entrada de su despacho. La luz se refleja en los innumerables dorados. Se vuelve, mira con desdén a todos los sirvientes, consejeros, guardias y cocineros, y constata:

«Los ciudadanos están a mi servicio».

En aquel momento, su cabeza empieza a hincharse, e hincharse, e hincharse. Se llena de aire, se infla como un odre, se desfigura, se deforma, ocupa la mitad del inmenso despacho. A continuación, sus labios abotagados se abren y se cierran hasta el infinito, como los de un pez obeso, y el hombre se pone a soplar viento, viento y más viento.

Un periodista se apresura y sitúa ante el orificio presidencial un micrófono de plástico rosa que se ensancha por un extremo hasta convertirse en un aro mojado con agua y jabón, y, entonces, aparecen burbujas, burbujas y burbujas hasta el infinito.

Pero el hombre sigue hinchándose, hasta que, de repente, el gas comienza a salir de su persona con un silbido continuo. Entonces empieza a deshincharse como un globo agujereado y el gas que expele ruidosamente lo propulsa por los aires hasta las cuatro esquinas de la habitación antes de expulsarlo por la ventana abierta. Sobrevuela como un remolino el patio del Elíseo y pasa por encima de la alfombra roja que en ese mismo momento recorre otro hombre que repite una y otra vez:

«Estoy al servicio de los ciudadanos».

En aquel mismo instante, al otro lado del Sena, docenas de diputados con la cabeza hinchada se desinflan de común acuerdo y son propulsados con el mismo silbido a través de las ventanas de la Asamblea Nacional. Sobrevuelan ruidosamente el barrio de Saint-Germain, por el que suben hasta el jardín de Luxemburgo. Entonces, las ventanas del Senado los aspiran y vuelven a caer indolentemente, flácidos como marionetas de caucho desinfladas, en suntuosos sillones de terciopelo púrpura sobre los que se adormecen de manera instantánea con un ruido de flatulencia.

21

Gary se pasó la mano por la barba. Era asombroso que no tuviese canas con todos los marrones que acumulaba desde la muerte de su mujer.

—¡Más bajo, niños! —chilló por el tragaluz de la cocina a los chavales que gritaban en el patio—. ¡Estáis dando por saco a todo el mundo!

Los críos estaban insoportables. Pasarse todo el verano en el patio y en aquel trozo de jardín, que era como un trapo de cocina de grande, resultaba insufrible. ¿Por qué les daban tantas vacaciones? Para jorobar a los padres, claro. ¡Que tuviesen edad para currar en verano, que hicieran algo! Pero anda que no quedaba para eso...

Además, si no tuviese hijos que mantener, habría dejado su negocio hacía mucho tiempo. Se habría dedicado a otra cosa. A algo tranquilo, sin estrés y, sobre todo, sin clientes. Los clientes eran un infierno. No saben lo que quieren, no son amables y nunca están conformes. Demasiado hecho, demasiado pequeño, demasiado dulce, demasiado caliente, no lo bastante hecho, demasiado grande, no lo bastante caliente, demasiado grasiento, no lo bastante dulce, demasiado caro... Y, encima, los hay que siempre tienen prisa, que emanan estrés como para que no suba la masa de los *muffins*. O al contrario, te cuentan su vida aunque en el letrero no ponga cura ni psicólogo.

Fuera, los críos gritaban cada vez más. A él su padre no se lo habría tolerado. Le habría caído una somanta de palos hacía tiempo. Cogió la paleta de pasteles y dio varios golpes contra el cristal del tragaluz. Fuera, volvió la calma.

La gente no es nada servicial. El otro día, no conseguía cerrar la persiana, que amenazaba con volarse por el viento. Allí estaba, luchando solo contra aquel chisme que se le escapaba. Había varias personas pasando por la acera. ¿Tú crees que se pararon a ayudarlo? Ni de casualidad. Cada uno a su rollo, que a los demás que les den.

Se abrió la puerta y entró una chica muy arreglada, de las de «demasiado grasiento».

—Buenos días, disculpe, ¿tendría cambio de veinte dólares? Es para el parquímetro...

Gary la miró y negó con la cabeza.

—No tengo.

En la puerta no pone nada de banquero. Hay que ponerse firme sin pensárselo; si no, la gente se aprovecha y se pasa todo el día desfilando por allí y, al final, te quedas sólo con billetes en la caja, como un tonto.

Gary sacó del horno una bandeja cubierta de *muffins* humeantes y fragantes.

—Diez segundos más —refunfuñó— y hace que se me queme la hornada.

Un hombre de unos treinta años entró en la tienda. Sonriente. Conque sospechoso. Gary frunció el ceño.

—Buenos días —soltó el tipo en tono jovial, como si llegase a la fiesta de unos amigos.

Gary lo saludó con la cabeza y esperó.

—Jack Murphy —dijo el otro, que le tendió una tarjeta de visita.

El pastelero le echó una ojeada de soslayo a la tarjeta sin llegar a cogerla.

«Jack Murphy, representante comercial, The Chocolate Diamond Factory.»

—¿Qué es lo que quiere?

Al chaval se le heló la sonrisa, señal de que quizá tuviese cosas por las que sentirse culpable.

—Nada, nada —se defendió haciendo un esfuerzo sospechoso por mantener la sonrisa—. Sólo vengo a hablar con usted.

Gary se lo quedó mirando fijamente, el tiempo suficiente para que mostrara una expresión sincera.

—Creo que no estoy de humor.

El otro tosió obligándose a reír, un poco incómodo. A la gente hay que sacudirla un poco para saber qué tiene dentro. «Venga, escupe.»

—Mi compañía fabrica una gama de pepitas de chocolate a precios muy atractivos para los profesionales, y me preguntaba si...

—Ya tengo todo lo que me hace falta.

—Pero...

—No, ya vale, no necesito nada.

—¿No quiere que veamos juntos el ahorro que podría obtener con nosotros?

Gary suspiró. No, no quería. Entonces, miró al chaval a la cara y no dijo ni una palabra más. Se lo quedó mirando sin más, sin decir nada. Su táctica preferida. El silencio. Si planteas algún reparo, los tíos tienen respuesta para todo, prevista de antemano, aprendida de memoria. Así que lo mejor es el silencio. Ninguna aspereza a la que agarrarse. Cuando no hay rugosidad, resbala.

El chaval volvió a toser, luego miró su reloj.

—Bueno, pues... creo que voy a irme.

«Eso. Vete.»

—Adiós —dijo el joven al salir.

Gary saludó brevemente con la cabeza.

Fuera, los críos se pusieron a berrear otra vez.

Nada más cerrarse la puerta, se abrió de nuevo y entró un cliente. Cara de «demasiado hecho». Acto seguido, lo siguió otro. Cara conocida. Era el joven de los seguros que venía a desayunar de vez en cuando.

Había intentado venderle un seguro unos meses antes. «Para protegerse de los problemas», le había dicho. Protegerse de los problemas. Como si aquello fuese posible. O me tomaba por tonto, o era él quien no se enteraba de nada.

A los problemas, cuando son continuos, ya no los llamas problemas. Los llamas la vida. Lo sospechoso es cuando las cosas van bien. Entonces, aparece una lucecita roja que se pone a parpadear en tu cabeza, y te dices: hay un problema.

22

6-3, 6-2, 5-3.

Saque para Austin contra el rubito sueco. Un juego y gana el partido y su plaza para octavos de final.

Dio tres botes seguidos a la pelota, miró al otro lado de la cancha, luego otra vez tres botes. Lanzó la pelota al aire, preparó el brazo con un movimiento amplio y... sintió un agudo dolor en el hombro.

Dejó que la pelota cayera sin tocarla. Preocupado, se palpó el hombro con la mano izquierda, lo tocó con la esperanza de comprender el dolor, pero había desaparecido. Movió despacio el hombro en todas direcciones, luego se lo masajeó levemente. No, nada. Un movimiento en falso, nada más.

Volvió a coger una pelota. Tres botes, una ojeada al otro campo, tres botes. La pelota se elevó, preparó el brazo y golpeó con fuerza.

El dolor le destrozó el hombro.

Se quedó inmóvil y dejó que la pelota volviese hacia él, sin moverse.

«0-15», dijo el árbitro.

El público aplaudió.

Qué le iba a hacer. Perder aquel juego, proteger el hombro y ver al médico antes de retomar el juego siguiente.

El siguiente servicio lo hizo a cuchara, como se permitía a veces Michael Chang en su buena época.

El adversario se quedó tan sorprendido que no alcanzó la pelota sino en el último momento, después de haber corrido casi hasta la red. Austin hizo un globo liftado y marcó el tanto.

«15 iguales», dijo el árbitro.

Pero los siguientes servicios, de nuevo a cuchara, ya no sorprendieron al sueco. Le bastaron menos de cinco minutos para llevarse el juego.

Mientras volvía a su silla, los aplausos le recordaron a Austin que ni siquiera en casa gozaba del favor de los espectadores. De tanto hacerlo pasar por alguien insensible, los comentaristas lo alejaban del público.

El médico corrió hacia él y lo auscultó. El diagnóstico llegó muy rápido: una tendinitis aguda del supraespinoso. Inmediatamente, sacó de su bolsa un espray de frío y roció el hombro dolorido con el producto. Austin sintió que el gas glacial se extendía por su piel, que se cubría de cristales blancos.

—Contrae el brazo —dijo el médico—. ¿Cómo te ves?

—Bueno...

Casi habían pasado los tres minutos reglamentarios. Había que volver. Pero ¿para hacer qué? Austin no lograba tomar conciencia, aceptar lo que estaba pasando. No iba a ver cómo su sueño se acababa así, tontamente. El torneo de su vida, el récord por batir, entrar en la historia... Todo por una tendinitis... No era verdad, debía de estar soñando; era de noche, estaba soñando. Decidme que estoy soñando...

—*Time.*

Recuperar fuerzas, pelear hasta el final, como siempre lo había hecho. No ceder. Apretar. Como él sabía hacer a la perfección.

Caminó hasta la línea de fondo. El sueco se disponía a sacar. En su actitud se había producido un cambio ínfimo que ningún espectador debía de percibir, pero que Austin veía en sus ojos y también un poco en su postura. Algo sutil pero esencial: el sueco empezaba a creer en su victoria. Eso se sentía, se veía. Y Austin sabía lo que significaba. La mayoría de los tenistas estaban, si no angustiados, al menos inseguros ante la mera idea de enfrentarse con el que había ganado todos los partidos desde hacía once meses. Cuando un jugador se encontraba frente a él, allí, en la cancha, Austin veía en sus ojos que no creía verdaderamente en su victoria, mientras que él, Austin, no dudaba ni un instante.

El chiquillo de enfrente le lanzó dos pelotas a su adversario.

Por primera vez desde hacía años, aquella relación podía invertirse. Austin tenía miedo de que el dolor volviera y le estorbase. Aquel temor y la ligera duda que infundía en su mente eran problemáticos en sí mismos. Austin sabía demasiado bien, por experiencia, que la confianza de un jugador hermanada a la duda del otro volvían el partido superfluo, de tan claro que quedaba el resultado.

En aquel instante, el grito abortado de un espectador que se ahogó con un sonido ronco desató algunas risas y Austin volvió durante un momento la cabeza hacia las gradas, cosa que por lo general no le pasaba nunca, por lo concentrado que estaba. Y, de forma completamente inesperada, su mirada se cruzó con la de la periodista que lo había entrevistado las últimas veces, aquella que lo había calificado de frío y de indiferente hacia los demás. Y lo que vio en su mirada lo hirió en lo más hondo: estaba sonriendo. Sonreía por verlo en apuros. La mujer que lo había acusado de no sentir nada se estaba divirtiendo con el dolor... que él sentía.

Aquella actitud injusta afectó a Austin, lo indignó. Aumentó en él la ira. Una ira sorda, feroz, poderosa, que se apoderó de todo su cuerpo, llenó sus pulmones con un aire de revancha. Sintió que los músculos de su brazo se tensaban, su fuerza se multiplicaba, se adueñaba de él, lo transportaba.

Detuvo la mirada en su adversario y vio en sus ojos que había percibido el cambio. Lo había percibido y lo sabía.

Sabía que ya no tenía ninguna oportunidad.

23

Hola, Jonathan:

Te mando este breve email para decirte que he estado reflexionando después de nuestra última conversación en la terraza del café. Ya sabes que soy franco y que no me ando por las ramas: me parece evidente que prefieres no volver al trabajo. Te he visto especialmente en forma, positivo, de buen humor, mucho más que cuando trabajabas en la gestoría. A lo mejor a fin de cuentas este oficio no está hecho para ti y es mejor que cambies.

También sería una buena forma de resolver el problema con Angela. Me reconocerás que no es lo más sano del mundo que continuéis viéndoos a diario.

Si estás de acuerdo conmigo, es mejor actuar deprisa que prolongar una situación que no resulta satisfactoria para nadie.

Pues bien, ya te había mencionado la idea de comprar tu parte de la empresa. Fue una idea que te solté así, sin más, y me parece mejor pasártela por escrito y, sobre todo, ser concreto acerca de las condiciones que te propongo.

Me he estado informando: teniendo en cuenta el volumen de negocio de la gestoría, el margen bruto, los beneficios y también su situación, todavía delicada, su valor no excede los 450.000 dólares. Tú posees un tercio. Estoy, pues, dispuesto a ofrecerte 150.000 dólares, una suma jugosa. Uno no se va así de una empresa todos los días.

Me parece la mejor solución para todos, sobre todo para ti y para Angela.

Eso es todo, medítalo y dame una respuesta lo antes posible. Al abogado le llevaría algo de tiempo hacer todo el papeleo.

Ciao bello,

MICHAEL

Jonathan bloqueó la pantalla de su móvil y se lo guardó en el bolsillo. Era verdad que Michael ya le había hecho aquella propuesta, pero verla por escrito, con cifras, se le hacía raro. Como si dejar constancia del asunto volviese más real la posibilidad. A Jonathan se le encogió el corazón. En efecto, en su oficio había un cierto número de cosas que lo desagradaban, pero aquella oferta en firme lo llevó a darse cuenta de que todavía no estaba listo para dejarlo todo. Había creado aquella gestoría de la nada junto con sus socios. También la sentía un poco como su bebé. Así que sí, Angela y él se habían separado y aquello suponía un problema, era verdad, pero su ex se había quedado ya con su hija, con la de verdad; no iba a abandonar la otra.

Empujó la puerta de la tienda de Gary. Lo recibió el olor a café torrefacto recién tostado mezclado con el de los donuts calientes.

—Buenos días —dijo.

Gary masculló algo ininteligible a modo de respuesta.

—Un *muffin* sin nada y otro con pasas, por favor.

—¿Para tomar?

—Para llevar.

—Dos dólares con treinta y cinco —dijo Gary mientras envolvía los dulces en unas bolsas de papel blanco.

Jonathan le tendió un billete de diez. En aquel instante, el teléfono comenzó a sonar y Gary descolgó mientras le daba la vuelta.

—¿Qué? —preguntó con su voz de los días malos—. ¿Eh? ¿Qué?

Dejó diecisiete dólares con sesenta y cinco encima del mostrador.

—No necesito nada —refunfuñó—. No, nada.

Volvió a colgar echando pestes para el cuello de su camisa. Jonathan se guardó la vuelta en el bolsillo conteniendo una sonrisa de satisfacción. Por una vez, se equivocaban a su favor, era su día de suerte.

—Que pase buen día —dijo mientras le volvía la espalda.

—Igualmente —masculló el otro.

Jonathan se encaminó hacia la puerta, pero la satisfacción que acababa de sentir se convirtió de pronto en un sentimiento raro. Una sensación extraña, nueva para él. Se detuvo y, sin dejarse realmente tiempo para pensar, obedeciendo a una especie de instinto, dio media vuelta.

—¿Algún problema? —preguntó Gary frunciendo el ceño.

—Me ha devuelto diez dólares de más.

Jonathan dejó el billete encima del mostrador. El dependiente lo cogió sin decir nada y lo puso en la caja.

El joven volvió a cruzar el café y salió a la calle. Inspiró el aire fresco a pleno pulmón. De repente, se sentía extremadamente bien, ligero, orgulloso de sí mismo. Era el sentimiento simple y, en definitiva, maravilloso de saberse alguien de bien. Un sentimiento de profunda alegría.

El cielo le pareció especialmente azul, el sol resplandeciente. Una transeúnte le sonrió al pasar.

Fue caminando hasta la terraza del café y se sentó entre los clientes, bastante numerosos. Había algunos asiduos de rostro familiar, gente de paso y turistas. Al otro lado de la terraza, una mujer sola miraba fijamente al frente con ojos tristes.

Jonathan pidió un café americano.

A su lado, unos jóvenes se reían de sus cosas. Un poco más allá, la mujer sola parecía deprimida. El contraste entre el aparente estado de ánimo de aquella desconocida y el de Jonathan era flagrante, perturbador.

Apartó la mirada y centró su atención en las risas de los jóvenes de al lado. Daba gusto ver su alegría despreocupada. De todos ellos emanaba algo positivo, ligero, emocionante.

Le sirvieron el café humeando. Picoteó de uno de sus *muffins* mientras esperaba a que se enfriase. Buenísimo. ¿Cómo un hombre tan desagradable como Gary podía hacer unos *muffins* tan ricos?

Los jóvenes de al lado seguían conversando con alegría y Jonathan disfrutaba sintiendo su buen humor.

Pero, al cabo de un momento, no pudo evitar mirar otra vez a la mujer solitaria. No conseguía abstraerse de su presencia. Seguía mostrando el mismo aire sombrío.

Jonathan la observó durante largo rato. Luego, de repente, se le ocurrió una idea e hizo una señal a la camarera. Ésta se acercó, con sus llamativas zapatillas de baloncesto con cordones rojos, y Jonathan le dijo algo en voz baja. La joven tuvo que inclinarse hacia él para oírlo.

—¿Ve a la mujer que está allí sentada, en esa esquina de la terraza?

—¿Quién dice? ¿La morena de media melena?

La camarera tenía un acento texano muy cerrado.

—Sí. Sírvale un café y dígale que le invita alguien que desea mantenerse en el anonimato. Y lo pone a mi cuenta.

—Uyuyuy, pero no sé si puedo hacer eso...

—Todo el mundo puede hacer algo bueno —le replicó él con firmeza.

La joven lo obedeció y Jonathan se preguntó si habrían sido sus palabras o su seguridad lo que la había convencido. Unos minutos más tarde la vio dirigirse hacia la mujer morena y dejar el café encima de su mesa. La otra negó con la cabeza y ambas intercambiaron unas palabras. En un momento dado, la mujer miró a su alrededor. Jonathan mordió su *muffin* sin apartar la vista de su café. Con el rabillo del ojo vio que las zapatillas blancas y rojas volvían y pasaban cerca de donde estaba sentado.

Esperó un minuto largo y bebió un sorbo, después levantó la cabeza y echó una breve ojeada en la buena dirección.

La mujer había vuelto a su postura anterior, pero se había permitido una ligera sonrisa en los labios y había cierto brillo en sus ojos.

Jonathan volvió a experimentar aquel sentimiento tan fuerte que había tenido al salir de la tienda de Gary. Una alegría tal que hubiese dado cualquier cosa por poder seguir en aquel estado permanentemente.

Ahora se acordaba de haber sentido con frecuencia una emoción muy parecida, años antes. Le sucedía al comienzo de su carrera, cuando había empezado a ejercer como vendedor de seguros. Le proporcionaba a la gente algo con lo que defenderse de los duros golpes de la existencia, con lo que protegerse y, gracias a eso, vivir con serenidad. Ahora recordaba la alegría que aquel oficio le procuraba. Al principio. Solamente al principio. Después, la alegría se había ido atenuando de forma progresiva hasta desaparecer por completo a medida que la espiral de las exigencias profesionales, de la competición con Michael y de sus crecientes necesidades personales lo habían llevado a inclinar la balanza de su influencia del lado de su interés.

Lentamente, sin darse cuenta, se había dejado corromper por todas aquellas cosas hasta trabajar, sobre todo, por los resultados y no para cumplir la misión que lo había llevado por aquel camino. Aquellas cosas habían acaparado su atención de manera paulatina hasta convertirse en la fuente de su motivación. Como un motor equipado con un segundo motor que, poco a poco, ocupase el lugar del primero y arrastrase el vehículo a una vía muerta.

Al comportarse así, al final se había perdido, puesto que se había alejado de los sentimientos más puros y más sencillos nacidos de la alegría de actuar conforme a sus valores, escuchando su corazón.

—¿Necesita algo más? —preguntó la camarera mientras dejaba la segunda cuenta encima de la mesa.

Jonathan levantó la mirada y le sonrió.

—Nada más, gracias.

Miró cómo se alejaba con la carta bajo el brazo.

Ya sabía cómo quería vivir el tiempo que le quedaba. Sabía cómo se quería sentir y sabía cómo conseguirlo.

24

Raymond empujó la puerta del Stella y se sentó junto a la barra.

Le servían su cerveza sin que tuviera que pedirla. Un privilegio que apreciaba cada vez que iba, no sin una pizca de orgullo.

El cabello rubio grisáceo y desgreñado se mantenía en su sitio gracias a una gorra roja que acentuaba una tez ya rojiza de por sí. Raymond era el cámara con acreditación más antiguo de Flushing Meadows. Cuarenta y un años de servicio. Bueno, no exactamente, ya que había empezado con la pértiga del micrófono. Pero así era en aquella época: tres años de pértiga para entender el oficio, observar al cámara, ver cómo graba, cómo lo hace para que se olviden de él cuando el entrevistado está impresionado y toda la pesca. Y además se hacían brazos. Porque parece que no es nada, una pértiga no pesa, pero, cuando hay que sujetarla así, a pulso, durante un cuarto de hora sin moverse... Vaya, eso calienta más los bíceps que las pesas que los jóvenes cachitas de hoy hacen en el gimnasio para conseguir pectorales de rapero. Y hacían falta brazos para prepararse en el oficio. Porque las cámaras, en aquella época, pesaban más que un barril de cerveza.

—Hola, Ray, ¿qué tal?

—Todo bien.

Pasó Roger Federer, rodeado de su preparador y dos jefes de prensa.

Nada alegraba más a Raymond que el hecho de que un jugador lo llamase por su nombre de pila. Era el reconocimiento a su experiencia, a su papel. Porque él se desvivía por los jugadores, por grabarlos desde el mejor ángulo, con la mejor luz, por suavizar los defectos, captar la luz más bonita, retratar la expresión que los vuelve bellos, humanos, poderosos. Era todo un arte, y muchos se lo agradecían, aunque nunca se dieran cuenta realmente de todo lo que hacía por ellos.

Él no era como esos jóvenes cámaras que acaban de salir de la escuela. Les meten en la cabeza todas esas teorías embarulladas, pero no se les enseña el oficio. Resultado: nunca han tocado una cámara, pero, apenas comienzan, ya se tienen por Stanley Kubrick.

Raymond se quitó la gorra para rascarse la cabeza y luego la devolvió a su sitio. Su gorra roja era su orgullo. La llevaba desde hacía treinta y un años y no se la había quitado nunca. Y con razón: uno no se quita una gorra regalada por Jimmy Connors en persona. Sí, Jimmy Connors. Había ganado un partido y Raymond estaba grabando la entrevista posterior. Connors estaba de muy buen humor y respondía a las preguntas con bromas; después, de pronto, se quitó la gorra y se la encasquetó a Raymond en la cabeza, así, sin avisar, antes de marcharse a los vestuarios. Raymond había llorado de alegría.

Bebió un trago de cerveza. Todos aquellos momentos de complicidad vividos en los pasillos de los torneos... No habría querido ejercer otra profesión por nada del mundo. Le gustaba muchísimo su trabajo, tanto como los tenistas, los periodistas, el equipo directivo. Le gustaban incluso los recogepelotas, a los que veía emocionados al tratar a las estrellas de las pistas.

De repente, entró Warren, el preparador de Austin Fisher. Saludó brevemente con la cabeza al antiguo entrenador de Federer y se acomodó en la barra un poco más allá, de pie. Pidió un café.

El tal Warren era un tipo más bien frío, de unos cincuenta, un tanto misterioso, con unos ojos tan oscuros y su pelo bien cortado. A Raymond no le convencía demasiado. Pero, bueno, cada uno es como es.

El Stella era el bar de referencia de los tenistas, de los directivos y de los periodistas. El lugar donde todos se relajaban, porque allí no se graba. Era la costumbre. Sólo cosas en off. Y nada de público tampoco. Únicamente profesionales.

Chuck Vins, periodista de la competencia, entró con su ayudante, una rubia guapa con una boca rolliza como un corazoncito. Apenas había dado tres pasos cuando Warren le hizo una señal con la mano. Chuck se acercó.

—Austin está muy disgustado con vuestra última entrevista —le dijo Warren con un tono glacial—. Y yo también: os habéis pasado mucho con él. Al menos podríais valorarlo un poco más. Es el primer jugador del mundo, Chuck. Haz un esfuerzo.

Chuck Vins le dedicó una sonrisita forzada y continuó su camino sin responder, con la cabeza alta.

Raymond no se lo podía creer. ¿Cómo podía hacerlo tan mal con un periodista un entrenador profesional? Hacer reproches de ese tipo es casi suicida.

Miró un momento al entrenador, que seguía bebiéndose su café como si no hubiese pasado nada. Evidentemente, no se daba cuenta. No era consciente. Tenía que decírselo, sacarlo de su error. Porque el que iba a salir perdiendo era Austin, eso estaba claro. A los periodistas no les gusta que les digan lo que tienen que decir. Chuck iba a demostrárselo en la próxima entrevista: sería todavía más dura que la anterior. Eso seguro. Pobre Austin... Él que ya lo pasaba tan mal con la prensa.

Había que ayudarlo.

Raymond esperó el momento propicio, cuando Warren giró la cabeza hacia su lado. Entonces, se tiró a la piscina.

—No es asunto mío, pero lo que le ha dicho al periodista es la mejor manera de buscarse problemas con él. En serio. Esos tipos están tan encariñados con su independencia como yo con mi cámara. Si cree que va a conseguir que lo deje, allá usted, pero va a tener el efecto contrario. Yo se lo digo por su bien, ¿eh?, y sobre todo por el de Austin...

Warren lo escuchó sin mostrar la más mínima emoción.

—Tiene razón —le contestó—. No es asunto suyo.

25

Jonathan le echó un rápido vistazo al menú. Hacía mucho tiempo que no desayunaba con sus socios.

De vez en cuando, Michael le lanzaba una mirada un tanto inusual. Se notaba que observaba su comportamiento. Sin duda, esperaba su reacción con impaciencia tras el email que le había enviado.

—¿Tienen platos con productos ecológicos? —preguntó Jonathan al camarero.

—No, lo siento.

—Bueno, entonces tomaré... pues... las verduras variadas.

—Un filete de panga —dijo Angela.

—Un bistec —pidió Michael.

—¿Al punto?

—Poco hecho.

El camarero se alejó.

—¡No me digas que ahora comes comida ecológica! —exclamó Michael.

—Sí.

—¿Todos los días?

Jonathan asintió.

—¿En serio? —insistió su socio medio muerto de risa—. Pero ¿tú has visto los precios? ¡Es la estafa del siglo!

—No me saldrá mucho más caro si me pongo en contacto con una asociación de pequeños agricultores que venden sus productos directamente. Y, como son locales, hay menos transporte y se contamina menos.

Michael se llevó las manos a la cabeza.

—Pero ¿por qué demonios quieres ahora comida ecológica?

Jonathan dudó. ¿Para qué iba a responder? No se lucha contra los prejuicios...

Además, Michael prosiguió sin esperar la respuesta:

—Eso de los pequeños agricultores es muy bonito, pero no tendrás de todo. No te darán más que frutas y verduras, y ni siquiera en todas las estaciones. Y no tendrás carne: ¿crees que van a llegar así como así a tu asociación, con sus terneras y sus corderos? Todo eso está regulado, tienes mataderos oficiales, controles de veterinarios, distribuidores.

—De todas formas, he dejado el cordero y la ternera.

Silencio de sorpresa.

—¿Por qué?

—He decidido no comer más niños.

Angela estuvo a punto de atragantarse con su aperitivo.

Michael se echó a reír.

—¿Y buey?

—También he decidido comer mucha menos carne de buey para conservar la selva amazónica. Así compenso el precio más alto de los productos orgánicos.

—Pero ¿qué te ha dado?

Entonces fue Jonathan quien dio un sorbo a su bebida.

—Digamos que me he acordado de las palabras de Bossuet.

—Bossuet.

—Un escritor de Borgoña, del siglo XVII. Ya sabes que pasé mi infancia allí...

—¿Y qué decía tu borgoñón?

—«Dios se ríe de los hombres que se lamentan de los efectos cuyas causas adoran.»

—Joder, qué profundo.

—De hecho... he decidido refunfuñar menos contra los males de la sociedad y asumir sólo mi parte de responsabilidad. Me he dado cuenta de que es más importante para mí sentirme bien conmigo mismo que darle lecciones a los demás.

—Y así, sin más, vas a comer productos ecológicos...

—Sí, sobre todo... Ya no quiero seguir cerrando los ojos ante la realidad. Puede que sea normal comer animales, pero me gustaría que antes hubiesen tenido una vida. Una vida de verdad, en el exterior, con un mínimo de libertad. Además, estoy harto de comer hormonas, antibióticos, pesticidas, alimentos genéticamente modificados... Quiero alimentarme con comida, no con química.

Desde hacía unos minutos, sus dos socios lo miraban como si acabase de anunciarles que era transexual y que su verdadero nombre era Rosanna o Pamela.

—Quiero morir de muerte natural, no por las guarrerías que nos imponen —añadió Jonathan.

Los otros lo miraban incrédulos.

—¿Crees —preguntó Angela— que vivirás más tiempo si pasas de... todas esas cosas que te gustaban antes?

—No sé si vivirá más tiempo —zanjó Michael—. ¡Lo que sí está claro es que la vida va a parecerle muy larga!

Y soltó una carcajada que no se acababa nunca.

—Pues mira —dijo Angela—, a lo mejor no está tan equivocado, al fin y al cabo.

Jonathan levantó la mirada hacia ella. Era la primera vez desde su separación que lo apoyaba en algo que hubiese dicho.

De repente, se acordó de las palabras de Margie. Cada vez que la veía, le aconsejaba que hablase con Angela. Pero ¿se atrevería a hacerlo?

Les llevaron los platos. Michael se abalanzó sobre el suyo. Jonathan esperó un momento.

—He decidido volver al trabajo —anunció de repente.

Tenedor en mano, Michael se disponía a engullir un trozo de carne. Se detuvo en seco, con la boca abierta.

¿Habría cambiado de opinión sobre el buey, tal vez?

26

—¡Señor Jonathan Cole!

—Buenos días, señor Chatterjee. ¿Cómo está?

—No estoy mal, no. Oiga, hacía mucho tiempo que no lo veía.

El señor Chatterjee regentaba una ferretería en el centro. Un buen local de superficie irregular en la planta baja de un viejo edificio casi insalubre. Había artículos de todas las clases y de todos los colores almacenados en cantidad sin lógica aparente. Estaban por todos los rincones, colgados en lo alto, por las paredes, o colocados en estantes metálicos sobrecargados que llegaban hasta el techo y formaban pasillos estrechos por los que casi había que zigzaguear para poder pasar. Flotaba en el aire un vago olor a incienso, único indicio de los orígenes pakistaníes del propietario.

—He repasado todos sus contratos y he hecho balance.

—Permítame que lo adivine: tiene que venderme uno más.

Jonathan se echó a reír.

—Es casi lo contrario. Me he dado cuenta de que algunas de sus pólizas cubren varias veces el mismo riesgo. Es decir, que paga varias veces por la misma cobertura. Así que lo he cuadrado todo y va a ahorrarse ochenta y nueve dólares al mes.

—¡Qué buena noticia!

—Sí, me imaginaba que lo alegraría.

—Y... ¿hay algo más?

—¿Cómo?

—¿Tiene algo más que venderme?

—No.

—No habrá venido sólo para decirme eso, supongo...

—Bueno... pues, sí. Lo he comprobado, se lo he dicho: me parece que ahora cuadra todo.

El señor Chatterjee lo miró desconcertado.

—De acuerdo... ¿Puedo invitarlos a una taza de *masala chai*?

El resto de la semana pasó de maravilla. Jonathan había recobrado el gusto por trabajar que tenía a comienzos de su carrera. Visitaba a sus clientes, retocaba sus contratos en función de sus verdaderas necesidades y les aconsejaba nuevas coberturas cuando convenía. Se sentía llevado por un nuevo impulso, una energía recuperada. Su trabajo tenía de nuevo sentido. Su misión, su papel, hacían que se sintiera realizado.

Cuando llegó el viernes, se encontró a solas con Angela en la terraza del café. Un poco más lejos, en la misma acera, un viejo saxofonista desgranaba clásicos del jazz con una falta de convicción desarmante y una gorra boca arriba delante de él, en el suelo.

—Michael no ha podido venir —le dijo ella—. Una urgencia con un cliente, acaba de enviarme un SMS.

Pidieron dos cafés. Jonathan se sentía casi intimidado

por encontrarse a solas con su exesposa. Ya no estaba acostumbrado y notaba una mezcla de emociones contradictorias que iban desde el malestar a una especie de alegría confusa. Ella parecía menos inquieta que él. A menos que ocultase su desasosiego con gran habilidad.

La voz de Margie no lo abandonaba, exhortándolo a hablar con Angela, a decirle lo que tenía en el corazón. «Confiésale lo que sientes.» Pero, cuanto más oía sus consejos, más paralizado se quedaba, conteniéndose para protegerse.

El saxofonista desafinó en una nota y prosiguió sin interrupción.

Angela no paraba de hablar, pero Jonathan tenía la impresión de que evitaba su mirada. Le contó las novedades de la gestoría y lo que había ocurrido durante su ausencia, y luego, cuando el tema no dio más de sí, le comentó la actualidad desde su punto de vista, sesgado por un humor corrosivo, ese humor al que Jonathan le tenía tanto cariño. De vez en cuando, la escuchaba sin concentrarse en realidad en sus palabras, disfrutando sólo de la conversación en cuanto tal, deleitándose en algo parecido a una relación retomada, abandonándose a una ilusión voluntaria.

A continuación, en un momento dado, le dio la impresión de que algo cambiaba: le pareció advertir que Angela disfrutaba tanto como él, le pareció que a ella también le gustaba estar compartiendo aquel momento a solas con él. Apenas era perceptible, apenas una ligera luz en la mirada, un esbozo de sonrisa en los labios. Entonces, la voz de Margie se tornó más apremiante, insistente, hasta volverse irresistible. Era ahora o nunca.

No apartaba la mirada de Angela, sentía crecer en él una confianza nueva, el valor que le había faltado hasta aquel momento. Ella seguía hablando, ahora con una auténtica sonrisa en los labios. No estaba soñando: sonreía de verdad, y cada vez con mayor frecuencia su mirada se detenía en él.

—Angela...

No lo oyó. Continuó hablando con aquella preciosa sonrisa que le encantaba. Vibrando con el sonido melodioso de Charlie Parker, el saxofón parecía haber encontrado la armonía que más le convenía.

—Angela...

Levantó la mirada hacia él, se calló y lo miró. Una mirada dulce que parecía esperar algo. Una mirada que lo animaba a hablar. A Jonathan le habría gustado hacer que aquel instante durase, mantener su intensidad, conservar para siempre la expresión de Angela mirándolo a los ojos.

—Angela... Quería decirte... Tenías razón... antes... cuando me reprochabas que me implicaba muy poco en la familia... la educación de Chloé... todo eso... Lo he entendido hace poco... y... quería decírtelo...

Ella no respondió, aunque siguió mirándolo en silencio. Jonathan prosiguió:

—También me he dado cuenta de que en esa época quizá no supe mostrarte o... decirte... que te quería. Sé que suena tonto, pero pensaba que lo sabías, que no necesitabas oírlo.

Ella no reaccionó, pero lo escuchó sin decir nada.

—Además quería que... supieses —continuó— que mis sentimientos hacia ti permanecen... intactos. Y... creo que no podemos dejar que un malentendido destruya una relación... una relación que siempre ha significado mucho para mí...

Se calló. Angela no le quitaba ojo, pero su sonrisa había desaparecido, su mirada se había vuelto más neutra, más fría, y su rostro, más impenetrable. Lo miró así, en silencio, durante largo rato, sin decir nada, sin reaccionar. Luego carraspeó para aclararse la voz.

—Tengo que irme.

Se levantó, guardó el móvil en el bolso que se echó al hombro y luego desapareció entre la pequeña ola de transeúntes de camino al trabajo.

Jonathan, desamparado, miró distraídamente hacia la muchedumbre de aquellos caminantes anónimos que avanzaban a paso constante hacia sus tareas cotidianas.

De pronto, se sintió vacío, vacío de energía, vacío de pensamientos. Vacío de esperanza. El sonido sin alma del saxofón le resonaba en la cabeza. La corriente continua de caminantes pasaba ante sus ojos sin, no obstante, captar su atención, como el agua que fluye por las hojas sin llegar a mojarlas.

Así transcurrió un largo rato, y Jonathan no salió de su estupor hasta que la camarera le puso la cuenta encima de la mesa.

Sacó la cartera mecánicamente y pagó.

Al final cogió el teléfono, llamó y esperó. Los tonos se superponían a las notas del saxofón.

—Michael, soy yo, Jonathan.

Cogió aire antes de continuar:

—He estado reflexionando mucho sobre ello. Finalmente acepto tu oferta. Avisa al abogado, que haga los papeles. Cuanto antes, mejor.

27

«Y Austin Fisher acaba de ganar con brillantez su plaza para semifinales al imponerse en este partido al australiano Gay Harrison. Su lesión no parece más que un mal recuerdo, aunque aún lleva el hombro vendado. Les recuerdo el resultado: 6-4, 7-5, 6-4. El público parece un poco decepcionado, pues el simpático australiano se había ganado su corazón y...»

Michael apagó la tele, satisfecho. ¡Una segunda buena razón para beberse de un trago el champán! La decisión de Jonathan le daba alas. Una vez realizada la compra de las participaciones, poseería dos tercios de la empresa, y acto seguido la revendería al comprador por la pequeña fortuna que le ofrecía. Y ya habría jugado. A él las vacaciones, el buen tiempo, la buena vida al sol, las chicas guapas...

Aquello le dio una idea. Descolgó el teléfono.

—¿Samantha? Soy Michael. Quiero verte esta noche.

—¿Para qué? No estoy libre.

—¡Pues para irnos de juerga! ¿Por qué no estás libre?

Silencio.

—Adivina.

—Eso no es problema: ¡anúlalo!

—Yo cumplo con mis compromisos, es una cuestión de reputación. Mis clientes son exigentes.

Michael se echó a reír.

—Te pago el doble.

Jonathan miró por la ventana abierta de su baño mientras se afeitaba. En el jardín de enfrente se oía jugar a los hijos de Gary. Al cabo de un momento salió el padre.

—Y ahora ¿qué gilipolleces estáis haciendo? —gritó.

—Pero, papá... No estamos haciendo tonterías, ¡estamos jugando! ¡Ven a ver lo que hemos conseguido hacer!

—¿Estáis tontos o qué? ¿Os creéis que me importa un carajo? ¡Más os vale que os estéis quietecitos! No quiero oíros más, ¿me habéis entendido?

Los críos asintieron; parecían absolutamente decepcionados. Gary desapareció sin darse cuenta de su expresión de desamparo. El fallecimiento de su madre ya debía de haber sido duro para ellos. Con su padre en aquel estado de ánimo, no parecían recibir mucho cariño...

Pensó en Chloé y luego en Angela.

Michael había estado en lo cierto desde el principio. La cohabitación era malsana. Tendría que haber pasado página hacía mucho tiempo, haberse dedicado a otra cosa. Eso lo habría ayudado a olvidar a Angela, le habría permitido reconstruir algo distinto.

Pero lo sabía: no sirve de nada lamentarse de las elecciones pasadas. La vida es así, está jalonada de errores, y, sin duda, esos errores tienen su razón de ser, sin duda nos aportan algo a pesar de todo. «Aceptar.» La filosofía de Margie acababa pasando... La aceptación es un arte vital.

Por supuesto, era una pena dejar su trabajo justo cuando volvía a tener sentido para él, pero, respecto a eso, quería mantener la confianza. La vida es demasiado corta para lamentarse de las decepciones, él era más consciente de ello que nadie. La existencia es un movimiento perpetuo, todo cambia a cada instante, y la resistencia a ese cambio no conduce sino a la infelicidad. Es la confianza en la vida lo que permite avanzar, reponerse y, por último, apreciar lo que sucede. Todavía no sabía lo que haría a continuación, pero aún tenía tiempo. El papeleo llevaría varias semanas, y había decidido proseguir con su misión hasta el último día para mantener, en la medida de lo posible, el impulso que lo movía desde hacía algún tiempo y en adelante ejercer su oficio como pretendía.

Se pasó por la tienda de Gary para comprarse dos *muffins* y luego se sentó en la terraza del café y los saboreó con un gran tazón de té.

En la pantalla que había dentro del local y que Jonathan veía de reojo, una psicóloga explicaba que a veces la gente sufría la falta de muestras de cariño hacia antepasados lejanos a los que nunca había siquiera conocido. Cuando un niño carece completamente de afecto y no se siente querido, en ocasiones desconecta de sus propias emociones mediante una especie de protección inconsciente. Jonathan no pudo evitar pensar en Gary. «Ya adulto —decía la psicóloga—, puede convertirse a su vez en alguien muy frío con sus propios hijos, y así es como ese sufrimiento puede transmitirse durante varias generaciones...»

—¡Estoy harto de estas gilipolleces! —soltó un cliente de pie en la barra—. ¿No hay otra cadena?

El camarero cambió de canal y la expresión resuelta de

Austin Fisher ocupó toda la pantalla. Jonathan sonrió al ver a su antiguo ídolo, que le recordaba a su ya pasada competición con Michael. Nunca sería tan buen comercial como él, lo tenía claro. Y no pasaba nada, puesto que ahora ya sabía que no era su misión.

Unos minutos más tarde, vio en la terraza a un viejecito que parecía completamente deprimido. Lo observó durante unos segundos y luego le hizo una señal discreta a la camarera.

28

Raymond dejó la cámara sobre una silla y luego movió despacio, para destensarse, el hombro sobre el que la había cargado. Acababa de grabar la llegada al vestuario de Austin Fisher, justo antes de los cuartos de final. Menudo tío, el tal Fisher. Hasta lesionado seguía ganando, aunque corría el rumor de que le dolía de lo lindo. Y con aquel calor, además...

Los cámaras se agolpaban en la sala oscura y mal ventilada, cubierta por todas partes por una maraña de cables.

Raymond abrió una cerveza, se secó la frente con un revés de manga y se bebió la mitad de la lata de un trago.

Vio a Warren pasar y desvió la mirada. No tenía ganas de saludar a un tipo tan poco amable. Además de ingrato.

—¡Espere un segundo!

Una chica muy sonriente a la que no conocía llamó a Warren cuando se disponía a cruzar la puerta del vestuario. Seguramente, una novata.

El entrenador se volvió.

—Clara Spencer, de la CNN —le dijo con un tono muy jovial—. ¡Me he autoproclamado presidenta del club de fans de Austin!

Warren se la quedó mirando con frialdad, sin decir nada.

—Estoy deseando entrevistar a Austin un minuto para recoger su estado anímico antes del partido. Sólo un minuto.

Warren le dedicó una mirada glacial.

—Ni hablar.

—Pero...

—Imposible antes del partido —dijo mientras se iba.

—Vale, entonces lo busco justo después del encuentro y...

—Ya veremos.

Y desapareció en el vestuario.

Raymond no podía creérselo. ¿Cómo era posible que un entrenador tratara así a una periodista, sobre todo a una que se declaraba fan de su jugador? Resultaba casi increíble. Y más aún teniendo en cuenta que los periodistas no solían ser muy cariñosos con Austin. Para una vez que una estaba de su parte... Aquello no era normal. «No es asunto mío, pero eso no le hace ningún favor a Austin, eso seguro.»

Michael dejó encima de su escritorio el informe de la consultoría contable con las cuentas provisionales del mes anterior. Indignado, se reclinó en su asiento.

Por la ventana entreabierta oía el tráfico de la avenida, el ruido de los motores, de los cláxones, de los frenos y el bip intermitente de los semáforos para los invidentes.

Deslumbrado por la luz que se reflejaba en los cristales del edificio de enfrente, se levantó para bajar el estor, pero la vieja manivela metálica se quedó atascada y se negó a obedecer. Irritado, volvió a repantingarse en su asiento y suspiró.

Era imposible enseñarle aquellas cuentas al comprador. Demasiado arriesgado mientras el contrato no se hubiese formalizado. ¿Qué iba a hacerle? Más valía aplazar la firma dos meses y presentar las cuentas trimestrales. Siempre que éstas remontasen rápido. Y no sólo un poco. Descolgó el teléfono.

—Jonathan, soy yo.

—Hola, Michael, ¿qué tal estás?

—Mal. Acabo de leer el informe y las cuentas del mes. Los beneficios se han hundido. Es un desastre. Y ¿sabes qué? Al contable no le cabe duda: el origen eres tú; bueno, tus clientes.

Silencio al otro lado de la línea.

Michael suspiró y luego, de repente, estalló.

—Pero ¿qué coño pasa?

Nuevo silencio.

—No estoy seguro, yo...

—Es que esto es grave, ¿te das cuenta? Hace siete semanas que has vuelto y, desde entonces, los rendimientos bajan, bajan, bajan. ¿Qué demonios has hecho? ¡Teníamos más beneficios incluso cuando no estabas! ¿Qué demonios haces?

—Escucha... Es verdad que estoy llevándolo de otra manera y... bueno... es posible que tenga un impacto negativo en los beneficios y...

—Pero ¿me estás tomando el pelo? Hace un mes que estamos preparando los papeles para que te compre tu parte y, precisamente en este momento, al señor se le ocurre hacer experimentos arriesgados. ¿Quieres arruinar la empresa? ¿Es que estás loco?

—Lo siento, Michael, yo...

—Pero ¿tú qué te crees? ¿Que voy a comprarte unas participaciones que ya no valen nada?

Silencio.

—Michael... Lo lamento...

—Mira, no sé qué estás haciendo, no sé cómo lo estás llevando ahora y tampoco quiero saberlo. Lo que sí quiero es que vuelvas a trabajar como antes hasta que te haya comprado tu parte. Y redobla esfuerzos para recuperar los beneficios perdidos. Es urgente.

Nuevo silencio.

—¿Me oyes?

—Michael... Escucha... eso no va a ser posible.

—¿Qué? ¿Cómo que no?

—No quiero currar como antes... Pero entiendo lo que me dices, comprendo tu postura, comprendo que supone un problema para ti, para...

—¡Es lo mínimo que se puede decir!

—Comprendo todo eso, pero... no quiero transigir en algo que atañe a... mis valores. Yo...

—Pero ¿qué me estás contando? ¿Otra vez con esas gilipolleces?

—Oye... te repito que entiendo que supone un problema para ti y... si eso te hace perder el interés en la compra, prefiero renunciar a la venta...

Michael se quedó mudo, estupefacto.

—Si quieres —añadió Jonathan—, lo paramos todo.

Michael acabó reponiéndose. Estaba furioso. Aquel gilipollas de Jonathan estaba haciendo que todo se fuera al garete...

Ni una sola tableta de chocolate en el armario.

Cuando Angela vivía con Jonathan, era él quien se encargaba de tener siempre reservas suficientes. A veces se divertía dejándola creer durante un instante que ya no quedaba más para ver cómo le entraba pánico. Después, como un mago, sacaba una tableta cuidadosamente escondida y se carcajeaba al ver el alivio reflejado en su cara.

Jonathan... Se sentía mal cuando pensaba en su última charla. La había cogido desprevenida, y quizá hubiese actuado mal al huir de aquella manera. Desde luego, no estaba preparada para oír lo que le estaba diciendo, pero por lo menos él se había atrevido a dar aquel paso. Se sentía desagradecida, injusta.

Nerviosa, abrió el armario de al lado, por si acaso.

Nada.

Se mordió los labios.

Pataleó un segundo en la cocina y luego se puso a abrir febrilmente otros armarios. Tenía que haber algo que picar con lo que se le pasasen las ganas de chocolate. Un pequeño chute de azúcar, algo, cualquier cosa...

Nada.

Bueno, de todas formas era inútil estresarse, sabía de sobra que era totalmente incapaz de aguantar así. Metió la cabeza en la habitación de Chloé y esperó unos segundos a que sus ojos se acostumbrasen a la penumbra.

Su hija dormía profundamente, con la boca entreabierta, estrechando su cerdito de peluche entre los brazos. Monísima.

Angela empujó suavemente la puerta, cogió el bolso, las

llaves y salió del piso de puntillas cerrando con mucho cuidado detrás de ella. Bastarían cinco minutos, podía dejar a su hija sin peligro si se daba prisa.

En la calle, la noche era agradable, templada. Angela apretó el paso en dirección a la avenida. Desde el vecino parque Dolores la noche liberaba el suave aroma de los árboles. El ruido de los coches ya no era más que un lejano murmullo. El *deli*, regentado por un indio y abierto hasta medianoche, se encontraba en la esquina. Ya estaba en la puerta de la tienda, a punto de entrar, cuando un BMW que se quedó atravesado en medio de la calle, delante del aparcacoches del Fenzy's que había un poco más allá, le llamó la atención. De él salió una chica con un vestido muy corto, piernas kilométricas y tacones de aguja. Y, entonces, para su estupefacción, Angela reconoció a la canguro que se había encontrado en su casa con los pechos al aire y en compañía de Jonathan. El uniforme vaqueros-deportivas se había transformado en un vestido de noche negro.

Volvió a experimentar exactamente el mismo dolor que había sentido en aquel momento, como un veneno que se propaga en un instante por todo el cuerpo, el corazón, la cabeza, hasta que te mata. A continuación llegaron la sorpresa y la incomprensión: ¿cómo podía una canguro pagarse un BMW?

Boquiabierta, Angela vio que la chica de andares resueltos soltaba las llaves de su coche en la mano del aparcacoches sin dirigirle siquiera una mirada y luego avanzaba hacia un hombre que la esperaba en la puerta del restaurante mirándola con curiosidad. Tenía, por lo menos, tres veces su edad.

—¿Samantha? —le preguntó dubitativo.

A modo de respuesta, ella lo besó brevemente en los labios.

Intercambiaron unas palabras y luego entraron en el restaurante.

Angela sintió cómo la ira y el asco crecían en su interior. Jonathan no sólo la había engañado, sino que además lo había hecho con una chica de compañía.

29

Jonathan apretó el pequeño ramo de flores al ver que el tranvía se acercaba a lo lejos. Sentía una mezcla de excitación y nervios. Sentado en un banco, no lejos de la terraza del café, se encontraba bien situado: a apenas unos metros de la parada.

Era última hora de la tarde, después del trabajo. El joven estaba satisfecho con su jornada: contratos enderezados, conversaciones fructíferas con clientes que se le habían confiado, nuevas coberturas, más cercanas a sus necesidades, en marcha. Negocios como los que le gustaban en aquel momento de su vida.

El aroma de las flores le hacía cosquillas en la nariz, como si la naturaleza se hubiese presentado en el centro de la ciudad, en medio del tráfico. El sol, muy bajo, se reflejaba con suavidad en los taxis amarillos que pasaban.

El tranvía todavía estaba lejos.

Jonathan se repitió el plan: elegir a la séptima persona que bajase. La séptima. Se preguntaba cómo sería...

¿Y si era un hombre? Sonrió ante la idea. ¿Se atrevería a darle el ramo a un hombre? ¿Y si se topaba con un tipo duro de verdad que le arrease un puñetazo en plena cara? Se echó a reír, solo en el banco, y un transeúnte lo miró intranquilo.

El tranvía rojo se acercó y pasó por delante de él con un estruendo seguido al instante por el chirrido de los frenos metálicos en los raíles y a continuación por el tintineo de la campanilla que anunciaba la parada. Jonathan sintió que el corazón se le encogía ligeramente.

Se abrieron las puertas y varias personas salieron casi al mismo tiempo. Jonathan las estudió con atención.

Un adolescente al mismo tiempo que una mujer joven, seguido de un ejecutivo. Tres. Un viejecito y una chica con aire de ir al instituto: cuatro y cinco. Seis: una anciana con el pelo blanco que se ayudaba de un bastón negro y... nadie más. Jonathan esperó con la mirada clavada en las salidas del tranvía. Las puertas estaban a punto de volver a cerrarse cuando una mujer bajó los escalones precipitadamente y salió. De mediana edad y aspecto convencional, se parecía a cualquier otra. Caminó con el paso más bien rápido de quien sale de la oficina con prisa por llegar a casa. Con la mirada perdida y el ceño ligeramente fruncido, parecía seguir preocupada por los asuntos del día.

Jonathan se levantó y esperó a que se acercase. Luego dio un paso a un lado para ponerse en su camino y le tendió el ramo. La mujer se sobresaltó y casi dio un respingo.

—Es para usted —dijo entonces con una gran sonrisa.

Y le puso el ramo en los brazos. Apenas vio la sorpresa en el rostro de la mujer, Jonathan se esfumó entre la muchedumbre de transeúntes con prisa por llegar a sus casas.

«Me muero de risa.

»Será memo.

»Liga con una tía fea, rompe la hucha para comprarle

un ramo y ¡ni siquiera intenta rematar! Se larga sin decirle nada, ¡sin siquiera decirle su nombre! Menudo pringado.»

Ryan no podía creerse la suerte que tenía. Aquel mediocre de Jonathan perseveraba en sus memeces, se sumía en la estupidez más pura, más absoluta. El vídeo anterior, en el que se lo veía pidiendo un café para una desconocida sin atreverse a darse a conocer resultaba ya tronchante. Había tenido mucho éxito en el blog: ciento ochenta y nueve «Me gusta» y veintisiete comentarios. Un récord. Venía al pelo, puesto que el culebrón de encogimientos de hombros de Gary empezaba a agotarse.

Ryan hizo un montaje rápido recortando los primeros segundos del vídeo, inútilmente largos. Pero no cortó el final, porque se veía bien cómo aumenta la sorpresa de la mujer cuando mira al desconocido y éste desaparece. Había que ver su sonrisa, su cara de pronto resplandeciente, para dejar claro hasta qué punto Jonathan había dejado escapar la oportunidad.

Publicó el vídeo en el blog y añadió unos anuncios a la página. A los ya habituales, que vendían tests de coeficiente intelectual, les sumó varios nuevos de clubes de citas y uno de venta en línea de ramos de flores.

Luego esperó, muy nervioso, las primeras reacciones... que no tardaron en llegar:

«¡Hay que ser negado!»

«Fue a la escuela de seducción, pero no se sacó el título.»

«¡Menuda labia!»

«Mentecato.»

«Pero ¡será cretino!»

A partir de aquel momento, Ryan echaría el resto con Jonathan, lo filmaría en cuanto asomase la punta de la nariz por la terraza y enfocaría la segunda cámara desde la ventana de la habitación hacia el jardín de la parte trasera de su casa. No quería perderse ni una sola de sus hazañas, sus hazañas como alpinista de la estupidez.

Jonathan empujó la puerta de la tienda de Gary. El aroma a *muffins* recién hechos lo envolvió de inmediato. En la otra punta del local, detrás del mostrador iluminado por una luz amarillenta, Gary lucía su cara de los días malos, es decir, de todos los días. Jonathan ignoraba lo que había vivido para llegar a aquel punto. ¿Sería que se había llevado tantos palos que ya no sabía sentir la más mínima emoción positiva? ¿Sería que había visto cómo se sucedían los abusos y las traiciones hasta el punto de que ya no era capaz de creer en la posibilidad de la sinceridad?

—¡Buenos días! —saludó Jonathan sonriendo—. ¿Qué tal está hoy?

—Buenas —masculló Gary.

—Querría un *muffin* con pasas. Para llevar.

Gary cogió uno y lo envolvió.

—Sus *muffins* están deliciosos. Sinceramente, enhorabuena, tiene mucho talento.

Gary frunció sus grandes cejas negras y, sin levantar la cabeza, le lanzó una mirada suspicaz.

—Un dólar treinta y cinco.

Jonathan dejó las monedas encima del mostrador sin perder la sonrisa. Gary las cogió en silencio.

—¡Adiós, que pase un buen día! —dijo Jonathan con un tono jovial que no obtuvo respuesta.

Salió de la tienda. ¿Cuántas experiencias positivas tendría que vivir aquel hombre para empezar a ver el mundo de otra manera?

Aquello le dio una idea. Pasó por el local de su cliente, el ferretero pakistaní, y compró un mantel de papel blanco. Volvió a casa, descolgó el teléfono y llamó a Gary.

—Buenos días —dijo cambiando un poco la voz—. Me gustaría hacer un pedido. Necesito cincuenta *muffins* de pasas para dentro de media hora.

—¿Cincuenta *muffins*? —repitió el otro con incredulidad.

—Sí.

—Pero venga a buscarlos, no me tome el pelo, ¿eh? Porque yo no puedo vender cincuenta *muffins* en un día, ojo.

—Por supuesto, cuente conmigo.

Se hizo el silencio durante unos segundos.

—Dígame su apellido.

Jonathan dudó un instante y, finalmente, dijo uno inventado:

—Robbins. Para dentro de media hora.

Después bajó al sótano, con una navaja y un rotulador en el bolsillo y una linterna en la mano. En la húmeda penumbra con olor a moho, removió algunas cosas llenas de polvo hasta encontrar lo que buscaba: un par de viejos caballetes de madera. Dio también con una tabla pequeña y salió.

Esperó unos minutos cerca de la tienda de Gary, y luego vio a un crío en monopatín.

—¡Eh, chaval!, ¿quieres ganarte dos dólares en tres minutos?

El chico sonrió.

—Eso depende. ¿Es complicado?

—En absoluto: entras en la tienda, dices que has ido a buscar un pedido a nombre de Robbins y le das este billete al hombre. Sales, me das la bolsa y te has ganado tus dos dólares. Chupado, ¿no?

El muchacho negó con la cabeza.

—Dos dólares no es gran cosa...

—¿Estás de broma? Dos dólares en tres minutos, ¡eso son cuarenta dólares la hora! ¡Es un sueldo de ejecutivo, chaval!

—Tres dólares.

—Pero... si no hay nada más fácil, ¡ni siquiera te vas a cansar!

—Entonces, ¿por qué no lo haces tú mismo?

—Pues, porque...

—Tres dólares.

Jonathan se echó a reír.

—A ti no te van a pisar en esta vida...

Dos minutos más tarde, Jonathan comenzó a colocar los *muffins* cortados en cuatro encima del mantel que cubría el pequeño bufé improvisado delante de la parte opaca del escaparate de Gary. Seguro que no lo vería: aquel tiparraco nunca asomaba la nariz por la acera.

Jonathan sacó un grueso rotulador rosa, dibujó un corazón enorme en el mantel blanco y dentro escribió con su mejor letra:

«De parte de Gary».

30

Un veinte por ciento menos.

Jonathan no lo había visto venir.

Y, sin embargo, era lógico, a fin de cuentas. La parte variable de su nómina procedía directamente del volumen de ventas de su actividad. A menor volumen, menor nómina. No se puede tener todo.

Qué se le iba a hacer. De ponerse a trabajar como antes ni hablar. Para él aquello ya no tenía ningún sentido, y estaba demasiado satisfecho sintiéndose honesto, íntegro y útil para los demás. Demasiado orgullo sintiéndose un hombre de bien. Era imposible volver a lo anterior después de haber tardado años en darse cuenta de lo que ahora le parecía una evidencia: el bienestar viene del ser bueno. Ser bueno, aquélla era la clave. Saber que lo somos y luego serlo plenamente, en cada momento, y negarse a ser otra cosa.

Y, en cuanto al dinero, qué se le iba a hacer. De todas formas, ya no era su motivación. Como, seguramente, no lo era para ninguno de los que vislumbran el final de sus vidas. Sólo los faraones se llevaban sus tesoros al más allá. Nosotros, los terrícolas de base, nos damos cuenta, cuando se acerca nuestro último día, de que aquello que ha acaparado una buena parte de nuestra atención durante nuestra vida se ha vuelto completamente inútil, de ninguna ayuda, de ningún auxilio.

Pero, de todas formas, Jonathan tenía un problema mucho más trivial, tonto y concreto: no le quedaba otra que pagar el alquiler y las facturas. Y por ahí corría el riesgo de que lo atraparan.

Examinó, pensativo, su cuenta bancaria y la larga lista de sumas que se alineaban en la columna de gastos.

No cabía duda: tendría que reducir su tren de vida, a pesar de que estuviera lejos de ser dispendioso. También tendría que dejar los regalos anónimos. Los cafés, las flores y los *muffins* empezaban a salirle caros. Una pena... Era muy satisfactorio, muy agradable. Dado que todos estamos relacionados, al hacer el bien a los demás se lo hacía a sí mismo...

Tendría que encontrar la forma de continuar de forma distinta, de otro modo, sin que comprometiese su cuenta bancaria...

—¡Sus cosas estas están buenísimas! ¡Enhorabuena, amigo!

Gary observó al cliente, un hombre de unos cuarenta años, bien vestido. Nunca antes había visto a aquel tipo. No era un habitual, desde luego.

—Póngame tres; no, cuatro —le pidió el hombre.

Gary envolvió los *muffins* y le cobró en silencio.

—Genial —dijo el tipo—. Buenas noches, y ¡gracias otra vez!

Gary lo siguió con la mirada hasta que cruzó el umbral.

Pero, por Dios, ¿qué les había dado a todos desde aquella mañana? ¿Qué les pasaba? Estaban todos raros, chalados. Tenía mala pinta. Y, además, ¿por qué eran tantos? Nunca había visto tantos clientes en un solo día. Nunca. No había parado de poner hornadas.

De repente se dio cuenta de que los críos estaban fuera, chillando. Hasta aquel momento, no se había ni enterado a cuenta de lo ocupado que estaba. Seguro que estaban haciendo alguna gilipollez de las suyas. Los críos en el patio eran como los *muffins* en el horno: uno se da la vuelta cinco minutos y está acabado.

—¿Es usted Gary?

Levantó la mirada. Una desconocida avanzaba hacia él con una sonrisa francamente extraña y un sombrero como no había visto en su vida. ¿Qué quería también aquélla?

—¡Sus bollos están muy ricos!

Gary la miró con desdén durante un momento. Además de voz de tiple, tenía cara de cantante de ópera, como las que a veces salen en la tele, de las que gritan como si fuesen a estrangularlas.

—No son bollos, son *muffins*...

—Deme dos, haga el favor. Están muy buenos, muy esponjosos... ¡Es usted el mejor pastelero del mundo! ¡Excelentísimo! ¡Brillantísimo! ¡Oh! ¡Adoro estos bollos!

No paraba de hablar. Cogió su bolso y desapareció extasiándose con ellos, soltando grititos agudos como las mujeres cuando tienen un orgasmo en las películas. En las películas, porque, en la vida real, eso no pasa.

—Pero ¡qué buenos están tus bagels! ¿Cuánto cuestan esas movidas?

Era el día de los especímenes.

—No son bagels, son *muffins*. Un dólar los normales, un dólar treinta y cinco todos los demás.

—Sí, voy a pillarme uno normal de esos. Fuera de coña, eres un genio; no, te lo digo en serio: están para morirse.

Gary frunció el ceño. Pensó en sus críos. Tenía que ser un poco más estricto con ellos, que no se volviesen así pasara lo que pasase.

—¡Gracias otra vez, tío! Están de flipar tus... cosas estas.

—Hola, tengo prisa —le dijo una chica—. ¿Me da dos para llevar? Con pepitas de chocolate.

Gary los envolvió en silencio.

—Me parece muy chulo lo que ha hecho. Normalmente paso por delante sin parar...

Gary la miró mientras salía.

«Qué raro, hoy todo son sonrisas, cumplidos.» Como si se hubiesen puesto de acuerdo para tomarle el pelo.

Sin embargo, cuando aquella noche fue a acostarse, molido por la dura jornada de trabajo, una ligera sonrisa le apareció en los labios sin que supiese muy bien por qué. La locura de toda aquella gente debía de haberle contagiado a él también.

31

Jonathan miró a su socio. Desde hacía algún tiempo, Michael estaba distinto, un poco menos expansivo con él, aunque, por otra parte, no había perdido el sentido del humor. Seguramente no le perdonaba su nueva forma de trabajar, menos productiva, a pesar de que no tenía repercusión en su sueldo, ya que cada uno recibía las comisiones en función de sus resultados.

Pero, en cierto sentido, Jonathan lo comprendía. Entre socios, sucede como en una pareja: si uno evoluciona de manera diferente al otro, la convivencia puede volverse difícil en muy poco tiempo.

De manera inevitable, le vino a la cabeza la imagen de Angela. Desde la humillación que había sentido después de sincerarse con ella, ambos se esmeraban en evitarse. Jonathan se tomaba el café de la mañana con Michael en días alternos. Una especie de acuerdo tácito, nunca formulado.

Aquella mañana la terraza estaba abarrotada.

—El hombre del polo beis que está sentado delante de la chica de rojo es un cliente —dijo Jonathan bajando la voz.

Michael lo miró durante unos instantes.

—Espero que le hayas metido el paquete del seguro de incendios.

—¿Por qué?

—Conozco a su chorba.

—Y ¿qué?

—No es que sea caliente, es que quema.

Jonathan sonrió.

—No, en realidad no merece la pena —añadió Michael—: se sabe que, allá por donde pase, será declarado zona de catástrofe natural.

—Cállate, Michael —se quejó Jonathan riéndose a su pesar.

—Oye, a propósito de catástrofes, ¿has visto la pinta del tío de la derecha, al final?

Jonathan miró en aquella dirección.

—Va... diferente, original.

—Sí, diferente es un rato —reconoció risueño.

La camarera se acercó a su mesa.

—Buenos días, ¿qué les apetece tomar hoy? —dijo con un ligero ceceo.

—Dos cafés —le respondió Jonathan.

Michael la observó mientras se alejaba.

—*Ce* lo traigo *enceguida* —dijo.

—Cállate...

Jonathan ya se había dado cuenta de aquello: cuando Michael no estaba bien, le daba por burlarse de la gente.

—¿No vas a cogerte vacaciones este año? —le preguntó.

Su socio negó con la cabeza.

—A esta empresa le hace mucha falta que alguien curre.

Jonathan obvió el comentario.

Delante de donde estaban, un coche empezaba a maniobrar para aparcar en línea.

—Ay, mi madre... ¡Lo tiene crudo! —exclamó Michael—.

Escucha, haz lo mismo que yo: los dos la miramos riéndonos, y te apuesto a que no lo consigue y acaba renunciando.

—Michael...

—Que sí, venga, yo ya lo he hecho un montón de veces, te mueres de risa. Le cuesta un poco, te la quedas mirando y luego ¡ya no hay forma de que lo consiga!

—No me apetece hacerlo.

—Podemos reírnos un rato. Eso me recuerda otra parecida, pero tenemos que estar tres o cuatro en la terraza para que funcione: localizas a una mujer con tacones que se acerque hacia la mesa y todo el mundo la mira a los pies con el ceño fruncido, como si tuviese un problema. Y ¿sabes qué pasa?

—No.

—Nueve de cada diez veces, ¡se tropieza!

Y soltó una carcajada.

—Te lo juro, ¡es graciosísimo!

Jonathan sonrió.

—Pues sí... cuando queremos ver problemas, creamos problemas.

Michael no lo escuchó.

—De todas formas, los peores al volante son los viejos. Como tienen la nuca tiesa, no se dan la vuelta para dar marcha atrás, ni siquiera miran a los lados para girar. Me pregunto por qué no se quedarán en la residencia.

La camarera les sirvió los cafés.

Jonathan miró a Michael durante unos instantes, luego se inclinó hacia él y bajó la voz:

—Cuando tengo tortícolis, yo también tengo la nuca tiesa.

—Pues se siente.

Jonathan siguió hablándole en voz baja, en tono confidencial:

—A veces, cuando aparco, se me da de pena y me voy del sitio. Y, a veces, cuando hablo, parece que me como las palabras y no se entiende nada de lo que digo. De hecho... tengo un montón de defectos: muchas veces paso miedo, no soy muy valiente. A veces también dudo de mí mismo, y además me falta un poco de energía. Y...

—¿Por qué me lo cuentas? —lo interrumpió Michael, manifiestamente avergonzado por aquellas confesiones.

—Y voy a confesarte algo: no soy nada perfeccionista. Odio esmerarme con los detalles de las cosas; además, cuando no me gusta hacer algo, lo dejo para más tarde, día tras día, hasta que se convierte en un problema. Y entonces me lleva el triple de tiempo que si lo hubiese hecho enseguida. Pero no puedo evitarlo. Qué gilipollez, ¿verdad? Por si fuera poco, no soy muy paciente, me altero con facilidad. Por ejemplo, cuando Chloé hace alguna tontería, voy a gritarla y luego me siento culpable. Y, además, también...

—Pero... ¿por qué me cuentas todo eso?

—También me cuesta...

—También tienes tus cualidades.

Jonathan dejó de hablar de inmediato y se enderezó tranquilamente.

—Sí —dijo con una gran sonrisa—. También tengo cualidades.

Ryan abrió un ojo y miró el despertador.

Mierda.

Las nueve. ¿Por qué no se había despertado antes? Se levantó de un salto, corrió hacia la ventana del salón y abrió las cortinas negras. Seguro que se había perdido el último pase de Jonathan en la terraza. Y además no se lo había visto por allí el día anterior...

Estudió las mesas ocupadas. De repente, lo vio de pie detrás de una mesa, claramente a punto de marcharse, solo delante de la camarera. ¡Joder!

Corrió hacia su equipo, lo encendió todo en un abrir y cerrar de ojos y se puso los cascos en las orejas.

—Y también quería decirle una cosa —le estaba comentando Jonathan a la camarera.

Ryan redujo el plano a sus caras.

—Tiene una sonrisa muy bonita y me resulta muy agradable. Me pone de buen humor para el resto del día.

La camarera sonrió más aún y empezó a sonrojarse un poco.

Jonathan se fue de la terraza.

32

Domingo.

Ryan miró con nerviosismo a través de las cortinas negras.

No había más que turistas en la terraza. El héroe de su blog no solía ir allí los fines de semana.

Abrió una botella de Coca-Cola y se la llevó rápidamente a los labios. Le gustaban los primeros segundos, cuando se notan las gotitas chisporroteando en la nariz. Dio unos tragos refrescantes.

Nunca habría esperado que el blog despegase así. No a aquel nivel. Sus fieles se contaban ahora por miles, y la afluencia aumentaba cada día. Eso es lo que mola de internet: arrancar es difícil, pero, cuando algo marcha bien, arrasa. El boca a boca funciona a tope. La gente le pasa el vínculo a toda su agenda de direcciones para reírse con los amigos. Cuando les gusta, los amigos hacen lo mismo, y eso impone una tendencia que puede volverse exponencial en poco tiempo. Una bonita gráfica de las que gustan en las facultades de ingeniería.

Se puso los cascos en las orejas y retomó su escucha de mesa en mesa.

No hay nada más aburrido que las conversaciones de

los turistas. Es una pena, porque no son memeces, sólo un petardo. Conque nada divertidas.

Harto, Ryan se dio una vuelta por su habitación y miró por la ventana.

Enseguida vio a Jonathan a lo lejos y activó la cámara permanentemente orientada hacia su jardín. Presintió de inmediato que estaba tramando algo. Jonathan echaba ojeadas a su alrededor de manera extraña. No resultaba natural en absoluto. Mejor. Ryan comprobó el enfoque y el sonido y reajustó el encuadre.

El hombre entró un segundo en la caseta del jardín y luego reapareció empujando el cortacésped. Mierda. Qué pena.

Pero, movido por una especie de instinto, Ryan siguió grabando un rato.

Jonathan volvió a echar varias ojeadas a su alrededor mientras avanzaba hacia el fondo del jardín. Dio media vuelta con el cortacésped y después se puso a apartar las ramas de los matorrales que formaban el seto que separaba su jardín del de enfrente.

El de enfrente era el del antiguo héroe de su blog: Gary.

Jonathan se coló en él a duras penas.

¿Qué demonios iba a hacer Jonathan con su cortacésped en el jardín de aquel viejo gilipollas?

La máquina se puso a rugir. Que un agente de seguros redondease su final de mes arreglando el jardín de los vecinos era la prueba perfecta de que la crisis seguía, dijeran lo que dijeran los periódicos.

Si todos fuéramos conscientes del inmenso valor que tiene, toda la faz de la Tierra cambiaría.

Pero vivimos en una sociedad en la que raras veces le decimos a la gente las cosas buenas que pensamos de ella. Nos da mucho pudor expresarlo y, en definitiva, nos contenemos: cada uno se guarda para sí las opiniones positivas como si fueran semillas que dejamos secar en el fondo de nuestros bolsillos en lugar de sembrarlas o confiárselas al viento, a la tierra y a la lluvia.

Puede que ésa sea la razón por la que la gente no está acostumbrada a recibir tales mensajes y resulta difícil obsequiar con un cumplido sincero a alguien sin que sea mal interpretado o sin que se le atribuya una intención hipócrita. Y si, gracias a una suerte inaudita, no se pone en tela de juicio la sinceridad del halago, es frecuente que la persona que lo recibe intente minimizar por todos los medios la cualidad que le atribuye, en un arranque de modestia que oculta el apuro que se siente al recibir un obsequio tan poco habitual.

Para evitar aquella dificultad, Jonathan tenía una solución aplastante: piropear y desaparecer. Permitirse el tiempo justo para entrever la sorpresa, el nacimiento de una sonrisa o el de un brillo en los ojos, y luego esfumarse después de haber entregado aquel trocito de espejo positivo. Era agradable, y le encantaba.

Como no conocía a sus víctimas, la cuestión esencial solía consistir en saber con qué cumplido obsequiarlas. Pero, para ello, sus frecuentes visitas a la terraza del café le habían ofrecido la ocasión de aprender a desarrollar su instinto y a prestar atención a sus intuiciones.

En efecto, resulta muy divertido observar a una persona desconocida y tratar de adivinar así cuáles son sus cualidades, con corazonadas. Mirarla unos momentos y presentir su manera de ser, sus valores, sus virtudes, sus puntos fuertes. Es algo completamente subjetivo, en absoluto racional, y sin ningún fundamento. Después encuentras la manera de entablar contacto y conversar con ella, y te diviertes constatando que la mayor parte de las veces has acertado.

Pero aquel día su entrenamiento le resultó de poca ayuda cuando se dirigió al séptimo pasajero que bajaba del tranvía, ya que resultó ser un hombre con pinta de portero de discoteca.

—Buenos días —dijo Jonathan con una sonrisa—. Me gustaría decirle...

El otro lo miró de manera especialmente desagradable. Daba la impresión de que iba a ponerse a ladrar. Aquello cortó en seco la inspiración de Jonathan, de repente incapaz de sentir la más mínima cualidad en su interlocutor.

—Sólo quería decirle... pues... decirle...

«Rápido, una cualidad, cualquiera... Veamos, ¿qué cualidad podría tener este tío?»

—¿Qué? —soltó el otro en tono agresivo.

Tenía una mirada cada vez más feroz, y a aquello se le añadían la confusión y el bochorno que aumentaban en Jonathan.

Una solución sencilla habría sido obsequiarlo brevemente con cualquier cumplido algo trillado, pero Jonathan se había jurado no decir nada que no fuese sincero.

—¿Qué es lo que quiere? —preguntó el tipo, cada vez más apremiante.

Dio un paso en dirección a Jonathan.

—En realidad... ¡nada! No quiero decirle nada. Nada.

El otro lo observó con intensidad durante un instante y luego se alejó siguiéndolo con una mirada siniestra.

Afortunadamente, la mala suerte no se cebó con Jonathan. La siguiente vez, el azar le buscó a una abuelita adorable y sonriente a la que Jonathan le encontró de manera instantánea mil y una cualidades.

Aquella mañana, Gary salió de su casa como cada día, con el correo en una mano y un café en la otra, para sentarse en el césped, en su silla de jardín de plástico blanco. Pero apenas había dado unos pasos cuando se paró en seco con la boca abierta.

Su jardín, que solía estar invadido por las malas hierbas medio pisoteadas por los críos, aparecía ante él perfectamente cortado. Se frotó los grandes ojos.

—Pero ¿qué está pasando, Dios santo?

No estaba soñando. ALGUIEN había cortado SU césped.

¿Y si habían sido los chicos, que lo habían hecho a sus espaldas? No, imposible, habían estado todo el domingo en casa con él, a más de diez kilómetros. Ni siquiera yendo en bici les habría dado tiempo.

Recorrió con la mirada el césped cortado de manera impecable. Negó despacio con la cabeza. Pero ¿qué estaba pasando en su vida últimamente?

Acabó por sentarse y ponerse con el correo del día.

Un folleto publicitario sobre televigilancia.

La factura del teléfono.

El alquiler.

Un folleto sobre letreros luminosos.

Y, además, un sobrecito beis con Gary escrito a mano y subrayado.

Frunció el ceño. Apestaba a marrón. Del tipo de un vecino que se queja del ruido que hacen los críos en el patio, o de otro al que no le gusta el olor a cocina.

Deslizó el dedo gordo por el intersticio y rasgó el sobre.

En el interior había una simple hoja de papel, también beis. La sacó y la desdobló.

No incluía más que una frase, manuscrita, en medio de la página:

Tus bisabuelos querían a tus abuelos,
pero no sabían expresárselo.

Gary levantó las cejas, releyó varias veces la frase y luego le dio la vuelta a la hoja y después al sobre. Ninguna indicación. De manera instintiva, se puso a mirar a su alrededor con lentitud, recorriendo con la mirada las casas y los edificios en torno a él.

—¿Qué gilipolleces son éstas?

Luego se encogió de hombros y pasó a la carta siguiente.

Su proveedor de harina le anunciaba un aumento de tarifas de un 2,3 por ciento.

Más de lo mismo.

33

«Después de haber tratado de ligar en vano con las feas, se conforma con los blancos a su alcance.»

Bajo aquel título anodino, el blog difundía una serie de vídeos, a cada cual más tronchante, en los que básicamente se veía a Jonathan pillando por banda en la calle a una vieja de ochenta años por lo menos y deshaciéndose en elogios hacia ella.

«Curso de seducción, demostración número 9.»

En aquél se veía a Jonathan esperando en la acera a que los pasajeros que bajaban de un tranvía se dirigieran hacia él. En sus ojos se percibía lo que podía parecer un brillo de esperanza. Luego se lo veía encaminarse hacia un enorme cachas con cara de matón, más macho imposible, y, entonces, cosa casi increíble, abordarlo e intentar seducirlo farfullando algo de manera lamentable antes de que el tío lo mande a paseo.

En el blog, los internautas, cada vez más numerosos, se desataban dejándose llevar por la burla y el sarcasmo para arrastrar a Jonathan por el fango. Llovían los insultos, arreciaban los comentarios despiadados y Ryan estaba entusiasmado.

Después de mucho tiempo buscando por todos los medios la manera de dar a conocer a sus memos, Ryan emprendía ahora una tarea muy distinta: gestionar el éxito. El número de visitantes crecía a diario y había que alimentar el sistema. Por suerte, su memo estrella era productivo: ya nadie lo paraba.

Jonathan estaba afeitándose con un ojo puesto en el jardín de Gary. El tiparraco les estaba chillando a sus pobres críos, que no tenían pinta de haber hecho algo demasiado malo.

Mientras buscaba el cargador de la maquinilla, Jonathan se topó con la loción que utilizaba antes para teñirse las primeras canas. Sonrió y la tiró a la pequeña papelera del baño. Justo cuando puso la mano encima del cargador, llamaron a la puerta con mucha energía.

Bajó corriendo la estrecha escalera de madera pintada de blanco y abrió.

Un hombre con traje y corbata le puso ante los ojos una tarjeta metálica en la que figuraba su foto.

—James Gordon, agente judicial.

Le tendió un sobre.

—Se trata de una orden de pago en favor del Banco de California. Como leerá en ella, dispone de quince días para saldar la deuda. De no ser así, volveré para hacer un inventario del mobiliario.

Jonathan se quedó mudo.

—Haga el favor de firmar aquí —continuó el agente de justicia tendiéndole un resguardo y un boli.

Gary reprimió un escalofrío cuando vio el sobrecito beis en el buzón. Era su único correo de aquella mañana. Echó un vistazo atento a la avenida a través del cristal y luego suspiró. Tras cruzar la tienda, les soltó a sus chicos, que estaban sentados a la mesa para desayunar:

—Espabilad e id terminando, ¡que vamos a abrir enseguida!

Salió al patio y cerró con cuidado la puerta a su espalda. Después rasgó el sobre y sacó la hoja. El mismo papel beis de tacto suave de la última vez.

Tus abuelos querían a tus padres,
pero no sabían expresárselo.

Durante largo rato, Gary se quedó mirando el texto, que releyó mecánicamente varias veces. Maldita sea, ¿qué querían de él? ¿Quién demonios podía estar mandándole aquella historia? ¿Qué estaba pasando con su vida últimamente?

Raymond se había sentido dolido. Ni un sitio para él en el Stella. Completo. Y osaban decírselo a él, que era un habitual de la casa desde hacía cerca de cuarenta años. Era la primera vez que le hacían un feo así y la cara le ardía de humillación, rezumaba indignación. Habría llorado de rabia.

Muy ofendido, arrastró los pies hasta el bar situado más

allá, en el límite del complejo. Un bar en el que la gente guapa no ponía un pie. Se sentía hundido, como si hubiesen reemplazado la cámara de su mochila por una roca de dos toneladas.

Empujó la puerta, entró y se instaló junto a la barra sin quitarse las gafas de sol.

—Una Bud.

Bebió hasta que el alcohol empezó a disolver su vergüenza.

Entonces, suspiró profundamente y se relajó un poco. Beber así no era bueno para la tensión.

Acabó por volverse y echarle una ojeada al local.

Lo que vio lo dejó boquiabierto.

Warren, el preparador de Austin, estaba comiendo con el patrocinador de su principal adversario, Jack Volsh, el único que estaba en condiciones de birlarle el título. Su enemigo acérrimo.

Raymond no daba crédito.

«No es asunto mío, pero aquí hay algo que no es normal.»

No cabía duda de que no era una casualidad que hubiesen ido a esconderse a un bar donde estaban seguros de que no iban a encontrarse con nadie.

«Vaya, vaya...»

Ahora todo tenía sentido, todo quedaba claro.

Warren se había vendido.

34

La noche sumía San Francisco en su penumbra misteriosa. Desde la terraza de su casita situada en lo alto de la colina, Angela veía centellear las luces de la ciudad a lo lejos.

Aquellos últimos días, la luna había menguado hasta volverse tan fina como el hilo de Ariadna, y el cielo estaba salpicado de estrellas.

Chloé dormía a pierna suelta y aquella noche Angela no tenía ganas de nada. Ni de ver una película en la tele, ni de abrir un libro. Así que revisó sus emails sin pensar.

Nada especial. Julia, una antigua compañera de instituto a la que le había perdido el rastro hacía mucho, le escribía de vez en cuando desde que la había encontrado en Facebook. El email que le enviaba aquella noche ni siquiera se dirigía a ella personalmente. Angela no era más que una de los numerosos destinatarios.

Ja, ja, ja

www.minneapolischronicles.com/thekingofidiots.html

Besos,

Julia

Otro enlace a una historia más o menos graciosa y, sin duda, de mal gusto, como los que Julia le enviaba a veces.

Pero, bueno, Angela se estaba poniendo un poco depre aquella noche, así que no le iría mal echarse unas risas.

Clicó en el enlace.

Mensaje de error.

Julia debía de haber copiado mal la dirección. Angela tecleó el nombre de la web sin la extensión y dio con la página de inicio.

Era una colección de vídeos debajo de títulos con tirón que sugerían escenas cómicas.

Clicó sobre el primero, bastante corto y muy divertido. Entonces, vio otros tantos, bastante graciosos también, aunque los títulos en tono burlón la molestaban un poco. Tras ver uno de ellos, de repente tuvo una impresión muy rara, inexplicable. Como si le entrase una pizca de angustia sin justificación, sobre todo porque la escena filmada era insignificante, una conversación entre dos personas, sentadas a una mesa, en la que una de ellas le contaba a la otra que se comía las flores de su jardín. La sensación fue tan extraña que se obligó a ver el vídeo una segunda vez, con la esperanza de encontrar el origen de su desconcierto. No lo consiguió, pero siguió experimentando aquella emoción singular.

Quería salir de la página lo más rápido posible, pero había algo en ella que la retenía, la empujaba a seguir allí sin saber por qué.

Continuó curioseando y vio algunos vídeos bastante divertidos. Nada digno de un Óscar al humor, pero tenían su gracia. Se relajó y pasó algunas páginas. En cada una de ellas descubrió el rostro de una nueva víctima con reflexiones o actitudes cómicas.

No pudo contener un grito cuando apareció el rostro de Jonathan, que causaba sensación.

¿Cómo podía estar en un blog así? El «Minneapolis Chronicles»... Aquello no tenía ninguna relación con el Medio Oeste.

La curiosidad le pudo enseguida: ¿qué burrada habría soltado para ganarse un puesto en la página? Impaciente por saberlo, se apresuró a verlo.

Las imágenes de Jonathan a cuatro patas sobre el césped arrancando el trébol ramita a ramita hicieron que se riera a carcajadas y, al mismo tiempo, la sorprendieron: ¿cómo demonios era posible que lo hubiesen grabado en su casa, en su jardín? Que cualquiera pudiese grabar a sus vecinos y publicarlo en aquel blog era, como mínimo, alucinante...

Los comentarios de los visitantes se burlaban de él con mala idea. Pero, bueno, en internet es algo inevitable...

De todas formas, ¡era increíble que Jonathan estuviese allí, en aquel blog, grabado sin saberlo! No lograba creérselo. Y qué coincidencia que la tal Julia le hubiese enviado el enlace, porque ella nunca había conocido a su ex y, por tanto, no había podido reconocerlo. Cosa que, por otra parte, quizá fuese mejor...

Clicó en el botón de «Siguiente» y apareció una nueva página. ¡Otro vídeo de Jonathan!

Se lo encontró invitando a una mujer a un café sin decírselo. La gente del blog se reía del ligoteo que el protagonista no admitía, pero Angela supo enseguida que se equivocaban. Aquella mujer no era del tipo de su ex, habría puesto la mano en el fuego. Además, Jonathan no habría intentado ligar así, lo conocía lo bastante para saberlo.

Había más vídeos, muchos. Jonathan multiplicaba los regalos anónimos para risa de los internautas. Aquel linchamiento en toda regla casi incitaba a Angela a asumir, a su pesar, la defensa de su exmarido. Cuantas más secuencias veía, más presentía la intención que había podido guiar a su autor. Una intención de una nobleza que contrastaba, y mucho, con las burlas que sus actos suscitaban.

Llovían los comentarios a centenares, despectivos, groseros, humillantes. A Angela se le acabaron empañando los ojos y unas lágrimas le resbalaron lentamente por las mejillas al ojear aquellos textos nauseabundos.

Luego venían unos vídeos que mostraban a Jonathan obsequiando a desconocidos con diversos cumplidos y, a continuación, yéndose como había llegado, sin esperar a que se lo agradeciesen. Actos gratuitos. Se veía cómo aparecían las sonrisas en los rostros y, cuando aquellas personas retomaban su camino con el brillo de la gente alegre en los ojos, se percibía que continuarían el día felices.

Las lágrimas empapaban el rostro de Angela mientras su mirada apenas se atrevía a rozar el torrente de insultos que seguían a las imágenes.

Cuando vio que Jonathan se dirigía en la calle a una joven preciosa y le decía con un tono de sinceridad conmovedora: «Me parece usted muy guapa», Angela se crispó. En la pantalla, la chica lo obsequiaba como respuesta con una sonrisa sublime justo antes de que él se desvaneciese entre la multitud. Luego la película se detenía, congelando la imagen en una mirada que mostraba sin ambigüedad que a aquella mujer no le resultaba indiferente el hombre que se había dirigido a ella.

Después había comentarios odiosos, particularmente

ásperos y violentos. Para una vez que la chica era guapa, aquellos miserables debían proyectar en Jonathan sus frustraciones de machotes a dos velas. No le perdonaban que hubiera dejado pasar una ocasión que nunca se les habría presentado a ellos.

Trastornada por toda clase de sentimientos confusos y mezclados, Angela se abalanzó sobre su teclado, se ocultó bajo el primer pseudónimo ridículo que se le pasó por la cabeza y pregonó lo que le salía del corazón.

«No habéis entendido nada, no está ligando con nadie, no trata de gustar a nadie, sus acciones son actos de generosidad, de altruismo, de humanidad. Jonathan es...»

Se corrigió y borró el nombre.

«¡Este hombre es de una bondad admirable!»

En un estallido de ira, con los ojos llorosos, copió su comentario y lo pegó en todos los vídeos, uno por uno, página tras página.

Luego apagó el ordenador con rabia, apoyó la cabeza en las manos y se deshizo en lágrimas.

A pesar de todo el sufrimiento que Jonathan le había causado al engañarla, era consciente de que todavía lo amaba.

35

—¿Michael?

—Sí.

—Soy yo, Angela. No me esperes para el café. Hoy no voy a ir a la oficina.

—¿Estás mala?

—No...

Se hizo el silencio.

—Pero no estoy de humor para currar.

«No está de humor. Venga ya...»

—Bueno, pues... Hasta mañana, entonces.

Otro silencio.

—No lo tengo claro. De hecho... creo que no, no.

—¿Cómo que no?

—Me parece que necesito ver las cosas con un poco de perspectiva... Te... bueno, te pegaré un toque cuando vuelva al trabajo.

Michael colgó.

«No está de humor, no está de humor... ¡O sea, que ésta también va a desaparecer un mes entero y, a la vuelta, experimentará en el trabajo con un nuevo enfoque que hará caer los beneficios un veinte por ciento! Joder, pero ¿quién me mandó a mí asociarme con tales ineptos? Y no parece que vaya a librarme pronto de estos gandules... ¿Quién querría comprar un tercio de una gestoría que se está yendo a pique? Desde luego, John Dale no. Joder, cuando pienso que he estado a un paso de ganar un dineral... Vaya mierda.»

La asistente entró en su despacho.

—Menuda cara más larga —comentó la chica.

Michael alzó la mirada.

—Espero que no vengas a decirme que necesitas ver las cosas con un poco de perspectiva.

—¿Cómo?

—¿No quieres cogerte un mes para prestar atención a cómo te sientes, interrogarte sobre el sentido de tu trabajo, tu visión de la vida o rascarte la oreja con la pata trasera?

—Pero ¿qué me estás contando?

—Buena chica. Entonces, ¿por qué vienes a verme?

—Por nada, sólo te traigo el informe de contabilidad del último mes.

—Os habéis puesto todos de acuerdo para hundirme la moral, ¿es eso?

La asistente se encogió de hombros y salió.

Michael abrió el documento.

Volumen de negocios global: + 3%.

«¿Qué gilipollez es ésta?»

Fue directamente a las páginas concernientes a la sección de Jonathan.

Volumen de negocios medio por cliente: -19%.

Volumen de negocios de la división: +17%.

Descolgó el teléfono.

—Jonathan, soy yo. Oye, ¿firmaste un contrato de los gordos el mes pasado?

—No.

—Tu volumen global crece mientras que tu volumen por cliente continúa bajando. ¿Qué está pasando, entonces?

—¿Sube?

—Sí.

—He ido sumando nuevos clientes, pequeños. Debe de venir de ahí.

—Y ¿te caen del cielo, así como así?

—Vienen por el boca a boca, por lo que dicen. Al parecer, he tenido bastantes recomendaciones.

Michael volvió a colgar.

Un 3% más en un mes, no pasaba algo así desde hacía mucho tiempo.

Se quedó pensativo un buen rato y luego le dio un golpazo rabioso a la mesa.

«Joder, ¡no tendría que haber dejado que Jonathan renunciase a venderme su parte!»

«—¡*Ace!*

»—Juego, set y partido.»

Austin cerró los ojos. Estaba en la final.

Aplausos estruendosos, pero sin entusiasmo. Evidentemente, habrían preferido ver ganar al guapo español.

«De todas formas, cuando dentro de dos días gane el torneo, entraré en los anales del deporte, en la historia. Quieran o no. Entonces ya no podrán mirarme por encima del hombro. A falta de su amor, obtendré su respeto como se respeta a un héroe. No les quedará otro remedio.»

Se acercó a la red y le estrechó la mano a su adversario y al árbitro, y se retiró precipitadamente a los vestuarios.

El sol cegador dio paso a la penumbra, como si hubiese sido aspirado por un túnel negro, y luego otra vez a la luz de los focos cuando los periodistas se precipitaron hacia él.

Ofreció algunas respuestas y luego volvió a su reservado, una habitación impersonal de paredes blancas que olía a cerrado, con dos sillas, un sofá y una mesa baja sobre la que habían dejado una cesta de fruta y botellas pequeñas de agua. Encima de otra mesa, junto a la pared, había amontonados varios ramos de flores de sus fanes.

—Enhorabuena —lo felicitó Warren—. Voy a dejar que te relajes unos minutos antes de hacer balance.

Y desapareció en la habitación de al lado.

Austin se sentó y toda la presión disminuyó. Acusó el cansancio de golpe. Bebió unos tragos de agua, se enjugó la cara con una toalla esponjosa con olor a lavanda y cerró los ojos.

Iba a ganar la final, lo presentía. Lo quería y lo conseguiría.

Cuando volvió a abrir los ojos, tenía a un personaje curioso delante de él, un hombre de unos sesenta años y con la cara colorada que le sonaba vagamente de algo. Sin duda, un ayudante de cámara cualquiera al que se había abierto paso hasta su reservado a pesar de las instrucciones.

—Hola —lo saludó el tipo—. He dudado mucho sobre si venir a verlo, pero luego me he dicho que no podía guardármelo para mí.

—¿Quién es usted? —preguntó Austin con impaciencia.

No tenía ganas de escuchar lo que fuera que inquietase a un desconocido cualquiera.

—Soy cámara... Lo sigo desde hace años...

Parecía casi ofendido por que no lo hubiera reconocido. A veces la gente es muy rara.

—¿Qué es lo que quiere?

El otro ocultaba su incomodidad cambiando el peso de su cuerpo de un pie al otro, como un crío al que ha convocado el director del colegio.

—Bueno, no es asunto mío, pero... creo que le están ocultando cosas... importantes.

Austin frunció el ceño.

—¿De qué está hablando?

El cámara seguía retorciéndose en el sitio.

—Pues de que... su preparador... creo sinceramente que le ha hecho la cama.

—¿A qué se refiere con eso?

—Me pregunto si el patrocinador de Jack Volsh no le habrá pagado para ponerle palos en las ruedas.

Austin lo miró con fijeza. Aquel tipo parecía tonto, pero sincero.

—Esa afirmación es muy grave. ¿Qué le permite decir una cosa así?

El hombre dio un paso atrás y se sonrojó un poco más.

—No me estoy inventando nada... Sólo digo lo que he visto, eso es todo, se lo digo por su bien, yo no gano nada con esto...

—¿Qué es lo que ha visto, exactamente?

—A su preparador, el otro día, comiendo con el patrocinador de Jack.

—No lo prohíbe nadie.

—Ya, pero eso no es todo. Antes lo vi echándole un rapapolvo bastante desagradable a una periodista que quería hablar con amabilidad sobre usted, una fan, vaya...

Austin se quedó paralizado.

—Y, además —siguió el hombre—, en otro momento

lo vi dirigiéndose a otro periodista de la mejor manera posible para sembrar cizaña. No está de su parte, se lo juro. No es asunto mío, pero es culpa suya si los periodistas le tocan los...

Austin estaba pasmado. ¿Y si aquel tipo decía la verdad?

—Bueno, pues vamos a hablar claro. ¿Warren?

El hombre abrió los ojos como platos y retrocedió negando con la cabeza, cada vez más sonrojado.

—Pero... no lo llame... no es asunto mío...

—¡Warren!

El hombre se dio media vuelta.

—¡Quédese ahí!

El cámara se volvió con la cara colorada y temblando.

Warren entró en la habitación con el rostro descompuesto.

«Madre mía —se dijo Austin al verlo—. Este tipo está diciendo la verdad.»

Miró a su entrenador fijamente a los ojos durante largo rato antes de hablar. En su interior algo quería aplazar el peligro de que todo cambiase para siempre.

—¿Qué tienes que responderle a este señor?

Warren permaneció inmóvil, con una mirada fría.

—Nada —dijo con un tono glacial y sin echarle siquiera una ojeada a su delator.

Austin no podía creérselo. Algo se desmoronaba en su mundo tan bien organizado, tan bien programado. Algo incomprensible.

No lograba apartar la mirada de su preparador, que se la sostenía sin esquivarla.

—Puede retirarse —acabó diciéndole al otro tipo, que no se hizo de rogar.

En el reservado se impuso un profundo silencio.

—¿Es posible que me debas una explicación? —preguntó Austin al cabo de un momento.

Warren negó tranquilamente con la cabeza.

—Mi misión es hacerte ganar. Todo lo demás es asunto mío.

El jugador asintió despacio y puso mala cara antes de estallar.

—¿Acabo de enterarme de que estás con Volsh y no es asunto mío?

—No estoy con Volsh. Su patrocinador es un antiguo colega.

—Y esas historias de los periodistas ante los que me has dejado mal, ¿a qué viene esa locura?

—El único objetivo que me has encomendado es hacerte ganar.

—Pero... los periodistas... sabes hasta qué punto me hiere su actitud, que...

—No me has encomendado ningún objetivo al respecto.

—Eso no es una razón para...

—Todo lo que hago tiene un único objetivo: que ganes.

—Pero...

De repente, Austin lo comprendió todo.

Lo comprendió, y era tan inverosímil que lo recibió como una bofetada en plena cara.

Pasmado, se quedó mirando fijamente a su preparador. Sentía cómo le latía la sangre en las sienes, estaba empapado en sudor.

Luego cogió su bolsa, abandonó el lugar a toda prisa y se metió en la limusina que lo esperaba.

36

Ryan rompió a reír al leer el comentario que había dejado Gigi21 el día anterior.

¿Qué le pasaba a esa mema?

¿Se puede ser tan estúpido como para ver humanidad en la tontería? ¡Aquélla sí que era buena! O el signo de los bestias se encuentra realmente en el corazón de la humanidad...

Continuó leyendo los comentarios, cada vez más numerosos, sobre el último vídeo. Descubrió, irritado, que otros internautas aprobaban el punto de vista de la mema. Una pena que no asomasen la jeta por la terraza, ellos también habrían sido unos buenos candidatos. Habría renovado las existencias.

Luego examinó los datos estadísticos de las visitas a su blog. Las entradas que albergaban vídeos de Jonathan eran con mucho las que más éxito tenían y, fenómeno interesante, sus antiguos vídeos también ganaban audiencia. Estaba claro que al público le gustaba aquel memo y pedía más. Perfecto. Les daría más.

En cuanto a los ingresos publicitarios, crecían con fuerza. Jonathan era un memo que proporcionaba dinero.

Desaparecida.

Gary repasó la casi decena de sobres que acababa de recoger de su buzón. El sobrecito beis no estaba entre ellos. Sin embargo, lo había visto claramente en las manos del cartero. Hasta se le había encogido el corazón al atisbarlo.

Volvió a abrir el buzón y, de nuevo, pasó rápidamente la mano por el hueco estrecho. No siempre es práctico tener unas zarpas tan grandes. Palpó las paredes interiores de metal frío y, de repente, la notó. Se había quedado enganchada en la doblez de hierro de debajo de la ranura, como si se negara a entregarse. La sacó arañándose la mano al hacerlo. Última tentativa de resistencia. La deslizó entre el montoncito de cartas que agarraba con la mano izquierda y cruzó la tienda ignorando a los chavales, sentados a la mesa para desayunar. Salió sin tomarse la molestia de prepararse un café, rompiendo con sus costumbres, y se sentó en la silla de plástico del patio.

Estaba de los nervios.

Debería haberse acostumbrado ya a esa clase de cosas extrañas que sucedían en su vida. Sin embargo, le temblaron las manos cuando abrió el sobre.

Tus padres te querían,
pero no sabían expresártelo.

Negó con la cabeza. Por una parte, se lo esperaba. Era la continuación lógica.

Suspiró al releer una y otra vez aquellas palabras. Luego, sin saber por qué, se puso a llorar.

Era como si algunas cosas desconocidas, incomprensibles, saliesen a la superficie. Como esas pompas de aire que a veces aparecían cuando ponía demasiada levadura en la masa: subía, subía, y luego, de repente, la corteza se resquebrajaba por todas partes.

En su cabeza se agolparon las imágenes en desorden. Su esposa, por quien nunca se había sentido amado, cuando estaba viva. Sus chavales, que nunca se mostraban cariñosos con él. Sus clientes, fríos y desagradables hasta aquellos últimos días. Y luego los caballetes en la acera, con la bandeja llena de migas y aquel corazón enorme dibujado en el mantel, «De parte de Gary».

De repente, por difícil de creer que fuera, un recuerdo más antiguo le vino a la mente: tenía catorce años, era aprendiz de un maestro panadero. Era un crío, imberbe, muy delgado, e iba vestido de los pies a la cabeza con ropa de algodón blanco, grueso y áspero. Tres de la madrugada de una noche cerrada. La harina, omnipresente, que vuela por todas partes, cubre el suelo y la piel y blanquea el pelo. El olor a pan caliente. El inmenso horno con los leños crepitando. Cuando lo abría, era como si las puertas del infierno se separasen ante él y el calor de las llamas le quemara intensamente el rostro.

El maestro le había revelado el secreto de los compañeros franceses: «La levadura, como todo lo que vive, no se domina —le decía—, sino que depende de ti como tú dependes de ella. Si tú no estás bien, si estás de mal humor o si no estás a lo que haces, no sube. Puedes intentarlo todo, pero no funcionará. Puedes amasarla durante horas, cambiar la temperatura de la habitación, variar la humedad, pero no funcionará. Sin embargo, si estás bien, si eres feliz con lo que haces, entonces, la levadura, como tú, se siente realizada, y el milagro se produce».

Gary había acabado por abandonar al maestro y optando por la levadura química.

Todos aquellos recuerdos volvían a aparecer y se entremezclaban sin lógica. Su mente era un auténtico cajón de sastre, un cubil del que saltaban retazos de su vida, de su pasado, sus sufrimientos, sus remordimientos, sus humillaciones.

Y de aquellos fuegos artificiales de imágenes, de gritos y de emociones informes emergió de repente una idea que fue haciéndose cada vez más clara, como las fotografías antiguas, que se formaban como por arte de magia sobre el papel sumergido en un revelador. Una idea que resumía el error de toda su vida: de crío pensaba que los demás eran fríos y desagradables.

Más tarde, había descubierto que existían las personas amables, buenas, cariñosas. Simplemente no eran para él. Él atraía a los odiosos, los gruñones, los tristes. Era su karma, su destino, y tendría que soportarlo toda la vida.

Y ahora se daba cuenta de que los demás no eran ni amables ni desagradables, ni buenos ni malos. En ellos había de todo, como en todo el mundo. Lo que expresaban dependía de lo que él les expresaba, como si una parte de ellos respondiese a una parte de sí mismo. Su actitud no era más que un espejo de la suya.

Se secó las lágrimas y luego se quedó durante un largo rato así, sentado en el patio, dejando que sus recuerdos emergiesen, reflexionando en su vida de nuevo a la luz de su descubrimiento.

Luego llamó a sus hijos.

No hubo respuesta.

Los llamó más alto, y aparecieron en el umbral.

Se percató de que parecían atemorizados y sintió vergüenza.

Les hizo una señal para que se acercaran.

Los niños obedecieron lentamente. Cuando llegaron a su altura, se quedaron petrificados. Entonces, Gary les pasó los brazos por detrás de la espalda y los atrajo hacia sí.

37

Bien entrada la noche, Angela se revolvía en su cama sin conseguirlo. Imposible volver a dormirse. Rumiaba las barbaridades sobre Jonathan que había leído en aquel blog, aquel blogucho inmundo, y se cabreaba ella sola.

«Piensa en otra cosa.»

Tenía que calmarse, olvidarse de todo ello. Ya volvería a pensarlo durante el día, si quería, pero entonces había que dormir.

«Piensa en cosas agradables, tranquilas, positivas.»

Se obligó a visualizar una pradera con flores campestres de todos los colores, conejitos que saltan en la hierba...

«Eso es, muy bien, sigue así y te dormirás enseguida.»

Las flores, los... y, de repente, recordó el vídeo del tipo que cuenta que come flores en su jardín, el vídeo que había visto en el blog y tanto la había incomodado. Un vídeo sin Jonathan en el que no pasaba gran cosa, nada chocante. Lo había visto dos veces sin lograr comprender lo que originaba su malestar.

No era normal. Necesariamente, tenía que haber una razón para su incomodidad. Tenía que encontrarla. Algo en su interior la empujaba, la obligaba a buscar. Una especie de intuición, un presentimiento.

«Duerme. Mañana lo haces. De momento, duerme. Piensa en la naturaleza, en los conejitos...»

Se forzó a respirar profunda y lentamente y a relajarse.

No. No, no servía de nada. Con aquel vídeo en la cabeza, no volvería a dormirse, lo sabía de sobra. Más le valía solucionar el problema enseguida. Rápido.

Estiró la mano, encendió la lámpara de la mesilla y se levantó.

Desde el pasillo, le echó un vistazo a Chloé. Dormía en una postura inverosímil, con una pierna fuera de la cama. Cerró la puerta para no arriesgarse a despertarla.

Bajó al salón y encendió el ordenador. La pantalla proyectó su luz macilenta sobre la habitación silenciosa. Se sentó. Notó la fría sensación del cuero en los muslos desnudos.

Volvió al blog. Le habría gustado mucho tener enfrente al cabrito que lo llevaba y haberle dicho todo lo que pensaba de él. Porque era un hombre, seguro. Una mujer nunca se rebajaría a hacer cosas así.

No pudo evitar entrar primero en las páginas de los vídeos de Jonathan.

Empezaba a haber otros comentarios que iban en el mismo sentido que el suyo. Sintió una oleada de alivio. Ojeando los párrafos que se sucedían, descubrió que eran numerosas, muy numerosas, las personas que denunciaban como ella aquella burla fuera de lugar. Cuantas más páginas veía, más leía. Era como si de forma involuntaria hubiese desencadenado una avalancha de protestas, como si se hubiera corrido la voz y la gente entrara en el sitio para manifestar también su indignación. Ya no se burlaban de Jonathan; al contrario: se reconocía el valor de sus actos. Experimentó una viva sensación de desquite, de justicia.

Se puso a buscar el vídeo en cuestión, pero no era fácil. No había ninguna lógica en el directorio del blog, así que pasó por páginas y páginas en vano.

De repente, reconoció la imagen y se concentró mientras arrancaba el vídeo, escudriñando meticulosamente el desarrollo de la secuencia. Apenas duraba treinta o cuarenta segundos, y Angela empezó a sentir de nuevo aquel malestar inexplicable que tanto la había inquietado. Aquella sensación penosa, angustiosa, incomprensible.

¿Y si aquel vídeo contenía una imagen subliminal, como esas imágenes sexuales que los publicistas deslizan subrepticiamente en sus grabaciones para excitar nuestra atención sin que nunca las percibamos de manera consciente?

Decidió visionar de nuevo la secuencia imagen por imagen, clicando paso a paso en la flechita de la derecha.

La escena se desarrolló despacio, de manera silenciosa y entrecortada. En cada imagen, Angela observó con atención todos los elementos que componían la parte visual. El fresco de la noche la hizo estremecerse y se arrepintió de no llevar algo más de ropa.

En un momento dado, vio un rostro, a lo lejos, en segundo plano, y lo reconoció enseguida: era el de la camarera del café. Aparecía en siete imágenes seguidas sin que Angela le hubiese prestado atención al ver la película a velocidad normal.

Continuó, paso a paso. Se acercaba el final de la secuencia y todavía no había encontrado nada. Estaba claro que ver a la camarera no era lo que la había inquietado. Sabía perfectamente que el bloguero grababa allí, ya que lo había reconocido en los vídeos de Jonathan.

De repente, soltó un grito.

En una esquina, detrás de los protagonistas, se veía, borrosa pero perfectamente reconocible, la silueta de la chica de compañía. Inclinado hacia ella, el perfil sonriente de Michael.

Angela no podía despegar los ojos de aquella imagen tan llena de significado.

Rápido, la fecha.

El vídeo era del 7 de abril.

7 de abril... La víspera de su ruptura con Jonathan después de haber descubierto a aquella chica medio desnuda en su compañía.

Angela se mordió el labio y se le encogió el corazón: había sido Michael quien, aquel día, la había animado a volver a casa antes de lo habitual.

«Estás cansada —le había dicho—. Vete a casa, te sentará bien.»

Ryan negaba con la cabeza, pasmado. El número de comentarios se disparaba cada día un poco más, casi todos a favor de Jonathan. Además de los comentarios, el número de visitantes al blog crecía de manera exponencial, astronómica, alucinante. Los «pro-Jonathan» informaban sobre él mediante un boca a boca de fanáticos, con una campaña de marketing de locos. Ya no era una oleada de apoyo, sino un tsunami.

El vértigo se había adueñado de Ryan. Él, que había animado durante meses aquel blog para unas decenas de personas con la esperanza de ganar cada día más espectadores, se veía completamente desbordado por los acontecimientos. Por supuesto, resultaba humillante que su tentativa de escenificar la tontería hubiese provocado el efecto contrario, que el objetivo de su blog se hubiese pervertido, pero no era aquello lo que lo preocupaba. Aquél ya no era ni siquiera el problema.

La magnitud del boca a boca tenía una parte aterradora, irracional. E incontrolable. Era como si hubiesen reclutado a todo un ejército de memos y marchase hacia él para defender a uno de los suyos, alistando a su paso un número cada vez mayor de voluntarios.

Trataba de tranquilizarse analizando las cifras. Pero en realidad no tenían nada de tranquilizadoras. El blog había superado el millón de visitas en pocos días. Si la tendencia continuaba, no era difícil imaginar que se alcanzaran los tres millones de personas al final de la semana, quizá más...

Volvió a leer los comentarios. A intentar comprender.

La gente rivalizaba en superlativos para describir a Jonathan. Según ellos, era una especie de ejemplo antisistema, un hombre libre que se salía de los caminos trillados, un altruista en el país de los individualistas, un rebelde positivo, un superviviente de la neurosis colectiva, un resistente solitario...

Todo el mundo se reconocía en él: la gente de izquierdas veía en él a un humanista y alababa sus arranques de solidaridad; la gente de derechas valoraba su sentido de la iniciativa personal y su caridad. Los ateos aplaudían su generosidad laica. Para los religiosos, sus actos respondían a la llamada de lo divino y elogiaban su resistencia ante la tentación subrayando su capacidad fuera de lo común para apartarse cuando una mujer le lanzaba una mirada lujuriosa. Los budistas, por su parte, veían en ello un desapego extremadamente respetable.

Todos soltaban su opinión, su explicación, su análisis. Todos interpretaban sus actos según el rasero de sus creencias, de sus valores. Acaparaban a Jonathan, se apropiaban de su persona.

Ryan tenía miedo.

En un rincón de su cerebro, una luz roja parpadeaba ahora de manera permanente: sus vídeos eran completamente ilegales. Violación de la intimidad. Cualquier día, en cualquier momento, alguien reconocería a Jonathan o a otra de sus víctimas. Y aquel día él estaría hundido en la mierda. Hasta el cuello.

38

—¿Ese bastardo ha estado a punto de arruinarnos la vida y todo lo que se te ocurre es que le vendamos nuestra parte y nos marchemos?

Angela iba y venía por el salón de la casa de Jonathan, absolutamente furiosa. Él estaba sentado delante de su ordenador. En la pantalla brillaba la imagen de Michael con la chica de compañía. El descubrimiento del blog y de sus vídeos le había causado un efecto extraño. No había dicho gran cosa, pero su exmujer lo conocía lo bastante bien para saber que estaba conmocionado.

—Tú, en el fondo, ¿con quién estás más enfadada? —terminó diciendo con un tono anormalmente calmado.

—En este preciso momento, ¡tanto con él por lo que nos ha hecho como contigo por estar dispuesto a hacer borrón y cuenta nueva!

Jonathan la miró de reojo.

—Y ¿ya está?

Angela dejó caer los brazos en un gesto de impotencia.

—Si es lo que quieres oír —dijo bajando la voz de repente—, también me odio a mí mismo por no haberte creído en aquel momento, pero ¡eso no es razón para dejar que Michael salga impune!

Jonathan se quedó en silencio un rato; luego, suspiró.

—Nunca hay que quedarse junto a alguien que nos hace daño. Irse es la decisión más sabia.

—Pero ¡es él quien tiene que irse!

—Legalmente, no tenemos ningún medio para obligarlo.

Ella negó con la cabeza, harta.

—Vayámonos —repitió Jonathan—. Montemos otra cosa, podemos hacerlo, nos las apañaremos. Confiemos en la vida.

Angela estalló:

—¡Cómo vamos a venderle nuestra parte cuando es lo que está deseando desde hace tanto tiempo! Precisamente por eso ha montado este golpe. Ha destruido nuestra pareja, nuestra familia, ¿y tú quieres hacerle un regalo?

—De todas formas, no tenemos muchas más opciones. No veo a quién más podríamos vendérselas. No se encuentra un comprador de la noche a la mañana. Así que, si no quieres seguir viendo a Michael todas las mañanas durante meses y meses...

—Y una mierda.

Jonathan suspiró.

—Déjalo, no sabe lo que hace.

—Es un gilipollas.

—Creo que es más digno de lástima que de envidia...

Angela negó con la cabeza, mosqueada.

—No tengo ganas de pelearme con nadie —continuó él—. No quiero pasarme en guerra lo que me queda de vida.

La mujer frunció el ceño.

—¿Por qué dices eso? No te pido que nos venguemos hasta el fin de tus días y...

Jonathan lanzó balones fuera. No era el momento de hablarle de la predicción.

—Vayámonos, ya encontraré algo. Todavía no sé qué, pero te prometo que lo haré arrepentirse de sus crímenes.

Media hora más tarde, se dirigieron a la terraza del café para comer. A lo lejos, vieron una extraña aglomeración de gente que atestaba el lugar. Se acercaron, y entonces, de repente, alguien gritó: «¡Es él!», y todos se volvieron hacia Jonathan, que se quedó inmóvil, estupefacto, mientras una pequeña jauría de periodistas, cámaras y auxiliares de sonido se precipitaba hacia él.

¿Qué valor tenía la victoria en aquellas condiciones?

La pregunta le daba vueltas en la cabeza desde el día anterior al atormentado Austin Fisher. La revelación de la estrategia de su preparador lo había dejado atónito y lo llevaba a hacerse preguntas que nunca se había planteado hasta la fecha.

Humillarlo para hacerlo reaccionar, atacar su amor propio para hacerlo ganar...

Así que era eso.

Una pregunta lo obsesionaba, lo mortificaba sin parar: ¿habría podido vencer sin eso? ¿Habrían podido tener lugar sus hazañas sin que avivaran sus heridas narcisistas y le despertasen dolores pasados para excitar su sed de venganza, su necesidad enfermiza de demostrarles su valía a los demás?

Por la pantalla de la tele que había en una esquina de la habitación, puesta en un canal de informativos, pasó la imagen de un famoso. Austin respiró profundamente para hacer desaparecer la tensión.

¿Es el triunfo la marca de los neuróticos? ¿Había que tener el ego herido para encontrar en uno mismo la voluntad sobrehumana indispensable para conseguirlo?

Viendo el número de psicópatas en las altas esferas gubernamentales y los dirigentes de las grandes empresas, en efecto, uno puede llegar a hacerse esa pregunta...

Abrió de par en par el ventanal que daba a la piscina de su terraza privada. Aquellas preocupaciones lo angustiaban y lo asfixiaban, a pesar de las dimensiones descabelladas de la suite que le habían reservado en aquel palacio. Le soltó un patadón rabioso a una jarra de cristal que había encima de la mesa de café. Se rompió en mil pedazos al estrellarse en el suelo de mármol.

El lujo es la indemnización compensatoria de una autoestima de mierda.

Suspiró profundamente. Tenía que reponerse, dejar para más tarde sus cuestiones metafísicas.

Para después de la final.

Abrió una botella de agua con gas y le dio un trago prescindiendo del cristal de Baccarat a su disposición. Delante del ventanal abierto, las finas cortinas se revolvían delicadamente a merced del viento, un viento leve y silencioso. La tele volvía a emitir un reportaje que ya había entrevisto unas horas antes, la historia de aquel tipo que había sido el hazmerreír de internet antes de que una corriente de simpatía lo subiera a un pedestal. Austin volvió a escuchar sin prestar mucha atención las afirmaciones que hacía sobre la vida, sobre el valor de nuestros actos, de nuestras palabras, sobre lo que nos vincula a los demás, el sinsentido de la competición...

«Me gusta —le dijo el hombre al periodista— sentirme

compenetrado con los demás y estar en paz conmigo mismo. Me siento bien cuando mis actos expresan lo que soy.»

Luego le preguntaron por qué hacía cosas así por desconocidos.

«La vida es un juego —respondió—, así que juego, me arriesgo...»

Un poco después, soltó: «Hacer el bien me hace bien».

El tenista estaba a años luz de aquellas consideraciones, y, sin embargo, las afirmaciones de aquel tipo hallaban un eco particular en él, pues en ellas veía reflejada su situación de una manera extraña. Aquellas frases hacían tambalearse la dirección clara y determinada que se había fijado hasta entonces. Hasta entonces...

Porque en aquel preciso instante se sentía como una brújula después de un cataclismo que hubiese causado la desaparición del norte.

¿Por qué tenía que oír aquellas palabras justo aquel día, en la situación en la que se encontraba desde la jornada anterior? ¿Por qué la vida ofrecía tales coincidencias, tal sincronía?

Salió a la terraza, se quitó la ropa y se zambulló en la piscina.

El frío se apoderó de él, reparador, tonificante. Cruzó la piscina sin respirar y luego sacó la cabeza del agua.

Iba a ganar aquel partido. Solo. Sin duda, sería el único jugador del mundo que preparase la final de un torneo de Grand Slam sin su entrenador. Pero vencería. Ganaría expresando lo que era, sin aprovecharse de recursos psicológicos malsanos. La victoria sería suya, realmente suya.

39

«Compenetrado con los demás, en paz conmigo mismo.»

La frase reaparecía en todas las entrevistas, como un *leitmotiv*, en boca de Jonathan.

Ryan no podía creerse el interés de los medios por su víctima. Desde aquel punto de vista, el cierre precipitado de su blog no había servido para nada. Había esperado demasiado y algunos internautas poco escrupulosos le habían robado los vídeos, que ya se encontraban en YouTube y en toda una retahíla de sitios. La frase de Jonathan resonaba por todas partes.

Con un nudo en la garganta y otro en el estómago, había desinstalado de manera remota el blog de los servidores de Minneapolis y borrado meticulosamente su rastro en internet. Cuestión de seguridad, de supervivencia. Un desperdicio. Se sentía desposeído, privado de su única fuente de alegría. Se aburría como un político que hubiese dejado los chanchullos.

Había mantenido su equipo en el mismo sitio, aunque ya sin poder tocarlo, como si fuera un escenario del crimen precintado. Las cámaras, inanimadas sobre los trípodes, parecían inmensos insectos disecados.

Desde entonces, Ryan veía la tele, sin duda como todos

los memos a los que había grabado. Tenía que encontrar otra cosa, si no acabaría pareciéndose a ellos.

Aquel día, la bruma se negaba a desaparecer, como si el sol hubiese decidido no pegar golpe en todo el día. La campanilla tintineó y el tranvía se detuvo. Jonathan se bajó. En el aire cargado de humedad se adivinaban los lejanos aromas del océano.

El joven subió por la avenida. A pesar de que las vacaciones de verano habían acabado, los turistas seguían siendo numerosos en la ciudad, pues querían disfrutar de la belleza del otoño. El tranvía lo adelantó, avanzando silenciosamente al asalto de la colina. El abogado encargado de arreglar los detalles de la venta de la gestoría tenía su despacho allí al lado. Si Jonathan salía pronto de la reunión, llamaría a Angela. Quizá pudiese tomarse algo con él por allí cerca.

Iba caminando tranquilamente cuando, de repente, una visión le heló la sangre y lo dejó paralizado: delante de él, a apenas unos metros, se encontraba la gitana que había predicho el fin de sus días. Era la más joven de las dos, la que no había conseguido volver a ver. Sentada al pie de uno de los árboles que bordeaban la avenida con los ojos cerrados, parecía adormilada.

Trastornado por el torrente de emociones, Jonathan se quedó así, desconcertado, mirándola. Luego se calmó y se acercó en silencio. Ella debió de sentir su presencia, puesto que, al cabo de un instante, abrió los ojos. No manifestó ninguna reacción, no trató de huir como la última vez. Al contrario, siguió sentada al pie del árbol mirando a Jonathan sin decir nada. Fue él quien rompió el silencio:

—Intenté volver a verte, la última vez...

La chica no reaccionó y siguió mirándolo con sus grandes ojos del color de las tinieblas.

—Quería hablar contigo... saber más.

Silencio.

—Al final, me topé con tu hermana... Ella me confirmó... tus predicciones.

La joven gitana siguió impasible. Tenía el rostro serio, pero Jonathan creyó vislumbrar un brillo de compasión en la negrura de su mirada.

La gente pasaba por detrás de él en la acera, los coches circulaban por la avenida y de vez en cuando sentía la silenciosa corriente de aire de los tranvías en la espalda. Pero todo aquel tráfico parecía lejano, apartado, como si la gitana y él se encontrasen en una burbuja separada del resto del mundo.

—¿Tienes algo que decirme? —acabó preguntando sin siquiera saber él mismo qué esperaba.

Ella continuó mirándolo a los ojos en silencio. Luego le espetó, con la voz aún temblorosa por la sentencia que había formulado tiempo atrás:

—Pregúntale a tu tía.

40

Bola de partido.

Con un movimiento rápido, Austin se enjugó el sudor que le corría por la frente antes de que le alcanzase los ojos.

«Aguanta. Vas a ganar.»

Se podía sentir la tensión en el público, como en un cielo tormentoso tan seco que se esperaría ver saltar chispas a su alrededor. Antes de cada bola, la gente tosía en las gradas, como para deshacerse del estrés.

Austin estaba en la pista desde hacía casi cuatro horas, a pleno sol, sin mostrar indicio alguno de cansancio. Durante los partidos, el cansancio siempre le resultaba ajeno. Todo su ser estaba motivado para ganar y lo único que sentía era la irresistible llamada de la victoria.

La final estaba resultando más dura de lo previsto. Extremadamente reñida. Volsh había ganado dos sets, como él, y en el quinto iban empatados a seis juegos. Había comenzado la muerte súbita. Austin ganaba 6 a 5, pero le tocaba sacar a Volsh. Si perdía el punto, Austin ganaba el partido, el torneo y su lugar en la historia del tenis. Si Volsh ganaba dos puntos seguidos, se llevaba la copa. Austin nunca había vivido en su carrera una situación tan peligrosa, en la que todo se decidiese en el último momento, como si hubiera peleado durante cuatro horas para nada.

Volsh lanzó la pelota al aire y la golpeó como una mala bestia.

—¡Red! —gritó el árbitro—. Falta —añadió cuando la pelota cayó en el campo incorrecto.

«Perfecto.»

Volsh botó otra pelota varias veces contra el suelo. Un tic nervioso crispó su rostro en una mueca fugaz. Austin sintió que iba a ganar el punto.

Volsh lanzó la pelota y golpeó con menos fuerza que la vez anterior.

—¡Falta! —chilló el árbitro—. ¡Juego, set y partido para Austin Fisher!

Los aplausos retumbaron en el inmenso estadio y todo pasó muy rápido. Algunas personas saltaron las barreras e invadieron la pista. Volsh avanzó hacia la red para saludar a su adversario.

Austin, por su parte, permanecía inmóvil. No se había movido ni un ápice.

No se había movido porque lo sabía.

Sabía que la bola de Volsh no había sido falta. Había botado en la línea, en el borde exterior de la línea.

Era buena, sin duda.

Nadie había reaccionado. Quizá fuese el único que lo hubiera visto. Pero lo sabía.

Y se le presentaba un terrible dilema. No decir nada y entrar en la historia convirtiéndose en el mayor campeón de todos los tiempos. Decir la verdad y correr el riesgo de jugar. Y tenía que decidirse enseguida, en aquel momento, inmediatamente.

Los operarios del torneo se disponían a colocar ya el podio. Todos lo miraban atónitos por su falta de reacción.

Las imágenes y las ideas se agolpaban confusamente en su mente a toda velocidad.

—¡No! —gritó de repente.

Inmediatamente, el estadio se sumió en el silencio. El público se quedó quieto como un solo hombre, como si Dios hubiese pulsado el botón de «Pausa».

Austin caminó en dirección al árbitro, que lo miraba fijamente, petrificado, al igual que los veintidós mil espectadores mudos.

—La bola de Volsh era buena.

Un murmullo recorrió el estadio.

El árbitro decidió visualizar el vídeo.

El murmullo fue aumentando y se amplió hasta convertirse en una auténtica algarabía, que prosiguió y prosiguió hasta que el árbitro retomó su micrófono.

—El juego va a continuar. Austin Fisher y Jack Volsh están empatados, seis puntos iguales en el *tie-break* del quinto set.

El asombro se extendió entre los espectadores mientras Austin volvía a ocupar su lugar en la línea de fondo con un sentimiento para él desacostumbrado, un orgullo diferente al que normalmente sentía.

La agitación del público era extrema y el árbitro tuvo que llamar al orden. El silencio acabó imponiéndose de nuevo. Un silencio eléctrico.

Austin se preparó para sacar.

Se oyeron unos últimos gritos.

Lanzó la pelota y la golpeó.

El intercambio duró alrededor de treinta segundos y su adversario marcó el punto.

—Volsh gana 7 a 6 —anunció la voz metálica por los altavoces.

Austin se concentró.

Volsh sacó con una fuerza increíble y marcó el punto sin que su contrincante tocase siquiera la pelota.

Había acabado.

Austin recibió el anuncio de la victoria de su adversario con una gran calma interior, lejos del dolor que había sentido en el pasado en las derrotas. Saludó a su adversario y luego al árbitro. Después, las cosas se desarrollaron con fluidez y, unos minutos más tarde, se encontraba en el podio. Estaba sereno. No había experimentado el subidón de adrenalina que acompañaba a sus victorias, la increíble sensación de omnipotencia, pero de lo más profundo de sí mismo surgía un sentimiento nuevo, auténtico e intenso: el sentimiento de su auténtica valía.

Jack Volsh, triunfante, alzaba la copa entre sonoros aplausos. Cuando a Austin le entregaron el trofeo del finalista, vio, por primera vez en su carrera, que el público se levantaba para aclamarlo.

41

La carretera de San Francisco a Monterrey le pareció interminable. Si bien Jonathan se sentía inmensamente aliviado por la confesión de la gitana, en aquellos momentos albergaba un cierto resentimiento hacia su tía.

Su enfado se esfumó como por arte de magia cuando su viejo Chevrolet blanco, después de traspasar el umbral de la propiedad, entró en la avenida bordeada de cipreses, como si un bienestar inmutable impregnase aquellos lugares, capaz de apaciguar al más colérico de los dragones.

Jonathan bajó del coche y caminó hacia la casa; la grava crujía bajo sus pies. Las flores eran menos numerosas, los asteres azules habían reemplazado a las clemátides rosas y las hojas de arce se tornaban lentamente rojas. Pero el aire era el mismo: suave, perfumado y marcado por una quietud intemporal. Más abajo, los pinos centenarios permanecían intactos, con sus troncos tortuosos dominando el océano de un azul siempre tan profundo.

Margie apareció en el césped mostrando su acostumbrada sonrisa, luminosa y benévola, y Jonathan no pudo evitar darle un abrazo.

Su tía le propuso tomar el té en el jardín para aprovechar la buena tarde, los dos agradablemente sentados en los cómodos sillones de mimbre. Jonathan esperaba el momento oportuno para enfrentarse a su tía. Le faltaban las palabras.

Margie depositó sobre la mesa baja una bandeja cargada con un bonito servicio de porcelana.

—Entonces, lo sabes todo, ¿a que sí? —dijo ella de forma espontánea al cabo de unos minutos.

Cogido por sorpresa, Jonathan asintió lentamente. Margie era una de esas personas intuitivas que disponen de un olfato inigualable y a las que, al final, no puedes ocultarles nada.

La mujer sirvió el té humeante en las tazas. El aroma de la bergamota se difundió en el ambiente con lentitud.

No corría ni una gota de aire. A lo lejos, en el mar, un velero parecía pintado, inmóvil, en el paisaje.

El tiempo parecía suspendido para siempre.

—La conciencia de la muerte es esencial para la vida —continuó con voz muy dulce.

Una mariposa amarilla revoloteaba a su alrededor; luego, se posó sobre una balsamina y batió las alas varias veces antes de quedarse inmóvil.

—Nuestra sociedad se hunde en la negación de la muerte —añadió recostándose lentamente en su sillón—. Hacemos como si no existiese. Incluso nos refugiamos tras un vocabulario metafórico para designarla: cuando perdemos a un tío anciano, decimos que ha desaparecido, que se ha ido, que nos ha abandonado. Decimos que lo hemos perdido, como si fuésemos a encontrárnoslo a la vuelta de la esquina o en la sección de dulces del supermercado.

Jonathan sonrió.

—Negamos todo lo que nos acerca a la muerte —prosiguió Margie—. Ocultamos cuidadosamente los signos del envejecimiento en cuanto aparecen. No valoramos más que la juventud y sus ventajas, que son las únicas que mostramos, como si envejecer fuese vergonzoso o aterrador. ¡Incluso los filósofos se hacen *liftings* y cultivan un *look* joven!

Se echó a reír.

—Sin embargo —volvió a hablar—, cuando le preguntamos a la gente si es feliz, son muchos más los que responden que sí a los sesenta años que a los veinte...

Se llevó la taza a los labios.

—Antes, en los pueblos, se iba en familia al cementerio todas las semanas para visitar a los antepasados. Se dirigían a ellos en su fuero interno, hablaban con ellos y, en definitiva, se conservaba un vínculo, subsistía algo entre ellos y nosotros. Y, mientras los adultos cuidaban el lugar y las flores, los niños jugaban sobre las tumbas de alrededor, como si nada, y se habituaban a la muerte.

Margie le dio unos sorbos al té y Jonathan hizo lo mismo. El benéfico calor de la bebida se propagó por su cuerpo y lo relajó.

—Hoy, la negación de la muerte se extiende por todas partes —siguió diciendo Margie—. Explica, sobre todo, la obsesión de algunos por rechazar las limitaciones, ya sea en el plano físico, en el financiero, el del estatus, el de las relaciones íntimas, el del poder... Ésa es la razón por la que, en nuestra época, se admira hasta tal punto a los grandes deportistas, que rechazan las limitaciones del cuerpo, y a los famosos que, por su estatus o por su obra, ofrecen una apariencia de inmortalidad...

Volvió a posar la taza.

—Sin embargo, ya ves, el tomar conciencia de nuestras limitaciones es, paradójicamente, lo que puede resultar liberador. Al asumirlas sin reparos, podemos realizarnos, desplegar nuestra creatividad e incluso ponernos a hacer grandes cosas. Y como la mayor de las limitaciones, la más insoslayable es la muerte... nuestra vida en realidad comienza el día en que nos hacemos conscientes de que en algún momento vamos a morir, y lo aceptamos plenamente.

La mariposa de encima de la balsamina echó a volar con alegría, haciendo que la flor cabecease un poco.

A lo lejos, en el océano, el velero parecía haber encontrado por fin un soplo de viento que lo impulsara.

Jonathan no dijo nada. Aunque seguía odiando a su tía por el sufrimiento que le había causado la falsa predicción, sabía, en el fondo, que, después de haber superado su angustia ante la muerte, había empezado a apreciar la vida de verdad, como nunca antes lo había hecho. Había comprendido, al fin, a aquellas personas que, tras padecer una enfermedad grave, a veces decían sentirse agradecidos por el mal que las había alcanzado.

—La conciencia de la muerte permite liberarse de las ilusiones —dijo Margie—. De repente, nos percatamos de lo que nuestra vida tiene realmente de valioso. Todo lo demás que hasta entonces reclamaba nuestra atención y nuestra energía, se vuelve secundario de golpe. Nuestra ceguera llega a su fin, nuestras quimeras se desvanecen. Nos permitimos ser nosotros mismos, expresar lo que sentimos, vivir lo que queremos vivir.

Dejó de nuevo la tetera antes de proseguir:

—Vivir bien es prepararse para morir sin remordimientos.

Jonathan asintió, callado.

—Y, además, la muerte probablemente no sea tan mala,

¿sabes? Cada uno tiene su visión de la muerte, cada uno tiene sus creencias sobre la cuestión. Pero, incluso dejando de lado las interpretaciones religiosas, existen más razones para pensar que no es más que un tránsito hacia otro estado, hacia otra forma de vida, que para considerar que no somos más que materia que acaba en polvo. Hasta los más convencidos de entre los apóstoles de esa visión materialista de la vida son incapaces de probarlo. Por el contrario, tenemos numerosos testimonios, todos coincidentes, de personas que han vivido experiencias de muerte inminente. Todas describen un estado tal de bienestar, de amor, de belleza, de luz, que, desde ese momento, ninguno de ellos tiene miedo a la muerte.

—He leído algunos casos, es verdad.

—Son muchos aquellos que, tras haber estado sumidos en un coma profundo, en un estado cercano a la muerte cerebral, al regresar a la vida pueden describir con precisión los acontecimientos que se desarrollaron en torno a ellos durante el coma, las palabras que intercambiaban los visitantes o los médicos, e incluso, algunas veces, ¡lo que ocurría en otra habitación! Muchos cirujanos han recogido también testimonios de pacientes operados que, al despertar, cuentan de manera muy fiel los actos y las palabras del personal que lo estaba atendiendo durante la operación, y que sabían describir objetos presentes en otra sala en la que no habían estado nunca. Les ha sucedido incluso a científicos... ¡materialistas! Huelga decir que después han revisado un poco sus posturas...

Se echó a reír antes de añadir:

—Seguramente, no podemos sacar ninguna conclusión de esas experiencias vividas, pero resulta tentador pensar que nuestra alma, que a menudo hemos asimilado al cerebro, no se encuentra encerrada en nuestro cuerpo, sino que puede liberarse de éste hasta desligarse por completo llegado el día.

Jonathan sonrió ante aquel planteamiento, una perspectiva en la que él también tenía ganas de creer. Margie se había quedado callada. El jardín, sumido en un religioso silencio, parecía casi dormido. Se oyó, entonces, el canto de un pájaro. Un mirlo con un plumaje de un negro intenso se había posado a pocos metros de ellos.

De repente, a Jonathan se le ocurrió una idea. Se volvió hacia Margie.

—Corriste un gran riesgo con la gitana. Habría podido reaccionar mal y acabar peor...

Ella le dedicó la más luminosa de las sonrisas.

—Te conozco lo bastante bien, cariño, para adivinar cuál sería tu reacción. Y, además, sobre todo —dijo con un destello de malicia en los ojos y bajando la voz como si estuviera confesando un pecado—, ¡estaba segura de que vendrías a verme!

Jonathan miró a su tía, a la mujer de ojos traviesos, de rostro radiante. Era todo un personaje.

Luego recorrió todo el jardín con la mirada y la sublime vista del horizonte, donde el océano se fundía con el cielo. El viento del oeste, al levantarse, había atraído a otros veleros. Jonathan respiró profundamente. El aire marino olía a eternidad.

42

Habían pasado las semanas y, tras una ola de frescor otoñal, el buen tiempo había regresado con fuerza para el veranillo indio, que volvía a darle un respiro a los habitantes y turistas de San Francisco.

Harto de las interminables tardes delante de la tele, Ryan había acabado por volver a su cámara, detrás de sus largas cortinas negras. Hacía mucho tiempo que ya no grababa, pero, con los cascos del micrófono parabólico y el ojo pegado al objetivo, observaba a los clientes de la terraza y escuchaba sus conversaciones. Sin saber muy bien por qué.

Abrió una lata de Coca-Cola, le dio un trago, se secó las manos húmedas en la camiseta y luego regresó a su puesto.

Un Porsche descapotable estaba aparcando en la callejuela que bordeaba el café, en la esquina con la avenida. Michael bajó del coche. Ryan lo siguió con la mirada y luego sonrió: en los quince días que llevaba con aquel bólido, era la primera vez que Michael no se volvía para echarle una ojeada después de haber dado unos pasos.

Se sentó a una mesa y miró a su alrededor para comprobar si había llamado la atención. En eso no había cambiado. Le hizo una seña al camarero.

Ryan amplió la imagen con el zum.

—Un café —pidió.

El camarero asintió y se alejó.

Michael volvió a echar un vistazo a la terraza, y luego, al cabo de un momento, se sumió en sus pensamientos, con la mirada casi inerte, como perdida en el vacío.

El camarero le llevó el café y se retiró.

Desde hacía varias semanas, Michael estaba siempre solo, solo a su mesa. Y se tomaba su café así, a solas.

Aquella imagen tenía algo perturbador para Ryan. Como si, por primera vez en su vida, empatizara con alguien, se pusiese en su lugar y le afectara su soledad. Alejó la imagen. La terraza estaba casi llena. Muchos turistas, algunos un poco paletos y otros con jeta de no ser muy listos.

Una mesa vacía.

Últimamente, cuando veía una mesa libre, a Ryan casi le entraban ganas de bajar y sentarse, sin más, entre toda aquella gente. De tanto mirarlos, a lo mejor él también se había vuelto idiota.

Una mancha negra a la derecha.

Una especie de gitana mal vestida cruzó la terraza. Tenía una buena delantera.

Se deslizó despacio entre las mesas para acabar deteniéndose delante de Michael y cogiéndole la mano.

Ryan hizo zum sobre ellos.

Michael se dejó hacer con una sonrisa de diversión en los labios. Cuando ella se inclinó sobre la palma extendida, él aprovechó para deleitarse en el escote expuesto.

Ella le soltó la mano, se irguió, se lo quedó mirando un instante en silencio y luego le dijo con una voz cavernosa que lo dejó clavado en el sitio:

—Vas a morir.

Chloé tiró su mochila a la otra punta del salón.

—¿Tienes que hacer deberes? —le preguntó Jonathan.

—¡Más tarde! —protestó.

Y, sin esperar la respuesta, se fue pitando al jardín. Corrió hasta el armazón que los padres habían instalado el día anterior y se subió al columpio.

—Adivina lo que te he comprado —dijo la voz de Angela a través de la ventana abierta.

—Ni idea —respondió Jonathan.

Chloé se contorsionaba para hacer que aquel maldito columpio se balanceara.

—Imagínate, Gary ahora hace pan con levadura natural.

—¿Ah, sí?

Por fin, el columpio se movió en la dirección correcta.

«¡Más rápido!»

—He cogido uno para el desayuno.

—No sé si aguantará hasta...

Chloé logró coger velocidad. Era muy divertido y hacía un montón de cosquillas en la tripa.

«¡Más rápido, más rápido!»

—¡Chloé! ¡Los deberes!

—Espera...

«También tengo derecho a jugar un poco, ¿no?»

Se columpiaba cada vez más rápido, cada vez más alto.

«¡Hasta el cielo!»

De repente, las nalgas se le escurrieron de la tabla y sintió que se iba...

—¡¡¡Aaah!!!

El golpe fue violento, en la espalda. No conseguía respirar, era como si estuviese bloqueada, atascada, como si ya no funcionara.

Los gritos de mamá. Los padres que acuden corriendo.

«Ya está, respiro... Todo vuelve a funcionar... Uf...»

Movió los brazos, las piernas, y después se puso lentamente boca abajo.

—¡Mi pequeña! —gritó Angela, que se precipitó hacia ella.

—¿Dónde te duele? —le preguntó Jonathan, que parecía muy preocupado.

«Tienen miedo.»

—Estoy bien —dijo Chloé entre lágrimas.

Casi no le dolía, pero lloraba cada vez más, sin saber por qué, con la cara pegada al césped.

«La verdad es que tengo muy mala suerte...»

Mamá la abrazaba y le daba besos.

—Ya está, cariño, ya está.

De repente, justo delante de su nariz, Chloé vio algo increíble entre las lágrimas que le empañaban los ojos. Parpadeó para ver mejor.

«Existen de verdad...»

Estiró la mano para tocarlo. Entre las briznas de césped que tenía delante, allí mismo, ante sus ojos, había, de verdad de la buena, un trébol de cuatro hojas.